농업의 대반격

새로운 농업이 시작됐다

농업의 대반격

초판 1쇄 인쇄 | 2014년 2월 10일
초판 1쇄 발행 | 2014년 2월 20일

지은이 | 김재수
펴낸이 | 이기동
고문 | 우득정
편집주간 | 권기숙
마케팅 | 유민호 이동호
주소 | 서울특별시 성동구 아차산로 7길 15-1 효정빌딩 4층
이메일 | previewbooks2@daum.net
블로그 | http://blog.naver.com/previewbooks

전화 | 02)3409-4210
팩스 | 02)3409-4201
등록번호 | 제206-93-29887호

교열 | 이민정
디자인 | design86박성진
인쇄 | 상지사 P&B

새로운 농업이 시작됐다

농업의
대반격

김재수 지음

도서
출판

글 싣는 순서

Part 04 | 한국농업미래 비전이 보인다

시작하는 글

이 책은 내가 33년간 농림 공직자로서, 또 2년간 한국 농수산식품유통공사 사장으로 근무하면서 우리 농업과 농촌, 농민에 대해 보고 듣고 느낀 소감과 각종 언론에 기고한 글을 정리한 것이다. 지난 세월을 돌이켜 보면 업무를 성공적으로 수행해서 좋은 성과를 거두었다고 자부할 부문도 많다. 그러나 모자라고 아쉬운 부문이 더 많이 남는 것이 솔직한 심정이다. 더 열심히, 더 정교하고 미래를 내다보는 정책을 추진했더라면 하는 아쉬움이 남는다. 과거의 시행착오나 실패를 반복하지 않고 희망과 비전 있는 우리 농업의 미래를 가꾸자는 뜻에서 책을 출판하고자 한다.

세계 유례없이 빠르게 성장하고 발전해 온 우리 경제다. 비농업 부문의 급속한 발전에는 뒤쳐지나 우리 농업도 세계적인 업적을 이루었다. 통일벼 개발로 단기간에 식량자급을 달성하여 오늘날 우리 경제 발전의 토대를 이루었다. 다양한 농업기술 발전, 농식품 수출증대, 식품산업 발전, 농업 규모화, 안정 생산기반 조성 등 많은 분야에서 성과를 거두었다. 그럼에도 불구하고 우리 농업과 농촌, 그리고 농민은 여전히 힘들고 어렵다. 농업 부문을 보는 국민의 시선도 따갑고 비판적이다. 농업 분야 어려움은 상당 기간 지속될 것이라는 것이 더 우려된다. 그러나 실망해서는 안 된다. 좌절하지 말고 희망과 비전을 가지자. 글로벌 시대를 맞아 신 농업혁명을 일으키고 국민농업 시대를 열어 새로운 미래를 개척하자.

　나는 그동안 농림부 여러 부서 업무를 담당하였다. 사무관으로 농산물 생산비, 농업관측, 농가소득, 농산물 유통, 식품산업, 대 국회나 관련 부처 업무 등을 담당하면서 농업정책과 농업 부문에 대한 실무경험과 기초 지식을 습득하였다. 농업정책과장, 식량정책과장, 유통정책과장, 시장과장, 국제협력과장, 행정관리담당관, 농어촌 복지담당관, 통상협력담당관, OECD 파견 등 9개 부서의 과장을 역임하였다. 아마 농림 관리 중에서 과장 직위를 가장 많이 한 사람일 것이다. 시장과장으로 '농안법 파동'을 수습하였고, 국제협력과장으로 우루과이라운드와 본격적 개방을 둘러싼 이른바 'C/S 파동'을 마무리하였다.

　종자관리소장, 농업통계정보관, 농산물 유통국장, 주미 대사관 농무관, 농업연수원장, 농산물 품질관리원장, 기획조정실장을 역임하면서 많은 농정 과제를 다루었다. 농산물 유통국장으로 재직 중 '한중 마늘 협상 파동'을 직접 몸으로 겪었다. 성난 민심의 현장을 다니면서 이해와 협조를 구하고 보완 대책을 수립하였다. 2000년대 중반 주미대사관 농무관으로 근무하면서 광우병 쇠고기문제, 한미간 쌀 협상, 한미 FTA

협상 등 우리 농정의 힘들고 어려운 과제를 다루었다. 구제역, 조류인플루엔자, 배추파동, 가뭄과 태풍 등 많은 파동과 시련을 겪으면서 좌절과 회의도 많았다.

2009년 1월부터 1년 7개월 간 농촌진흥청장으로 재임하면서 열심히 일했다. 폐지해야 한다는 농촌진흥청을 되살리기 위해 밤낮없이 뛰었다. 제2의 새마을운동이라 할 수 있는 '푸른 농촌 희망 찾기' 운동을 추진하면서 '우리 농업에 가장 필요한 것은 희망이다' 는 인식을 심어주었다. 농촌진흥청 조직과 기능을 개편하고 현장 중심, 정책을 뒷받침하는 연구체제로 개편하였다.

2010년 8월 농림수산식품부 제1차관으로 돌아와 농림부 조직과 사업 구조 개편, 농산물 유통개선, 대외통상협력, 구제역 방제 등 크고 작은 많은 일을 추진하였다. 특히 17년간의 숙원사항이었던 신용과 경제 부문을 분리하는 것을 주요 내용으로 하는 농협법 개정을 마무리한 것이 가장 기억에 남는다. 정말 힘들고 어려운 작업이었다. 수십 년간 논의만 하고 제대로 추진하지 못했던 농협 개혁이었다. 수많은 난관과 우여곡절 끝에 여야합의를 이끌어 농협법 개정안을 통과시킨 2011년 3월 11일의 역사적 순간을 영원히 잊을 수 없다.

재정과 세제 분야에서는 류성걸 국회의원, 금융 분야에서는 권혁세 전 금융감독원장의 도움이 컸다. 개인적으로는 경북고등학교 동문들이나 국가적 과제를 추진함에 있어 소관 부처를 떠나 적극 도와준 점을 감사드린다. 청와대의 이동우 기획관리실장(현 경주엑스포 사무총장)이 중심을 잡고 언론의 협조를 얻어내고 개혁 방향과 전략을 제시하면서 밀어준 점도 감사드린다. 2011년 7월 농림수산식품부 차관을 끝으로 33

년의 공직 생활을 마무리하면서 지나간 세월을 다시 돌아보고 인생 2막, 새로운 도전도 생각하였다.

약 3개월의 휴식 후 2011년 10월부터 한국 농수산식품유통공사(aT)의 사장으로 재임하면서 농산물 유통개선, 수출촉진, 식품산업육성, 농산물 가격과 수급안정 업무를 추진해 왔다. 본격적인 개방화에 대비하여 우리 농식품 수출을 역점 추진해 온 결과 20년 이상 30억 달러 수준에 머물러 있던 우리 농식품 수출액이 지난 5년간 두 배 이상 증가했다. 2007년 37억 달러였던 농식품 수출 규모가 2012년 80억 달러를 넘어선 것이다. 이제 대망의 농식품 수출 100억 달러 시대를 조만간 열 것이다.

100억 달러 고지를 넘으면 우리 농업이 본격적인 수출 농업 시대를 맞이하게 된다. 수출 농업을 보면 희망이 보인다. 전방위로 전개되는 글로벌화와 개방화 시대를 살아갈 방안은 수출 농업이다. 농식품 수출 실적과 전망을 보면 농업 부문에 희망을 볼 수 있다. 우리 농식품이 세계시장에서 충분히 통한다는 가능성은 이미 증명되었다. 품질을 고급화하고 해외시장을 개척하며 홍보나 마케팅을 강화하는 등 공격적인 수출전략을 추진했기 때문이다.

농수산물 유통개선이 당면한 과제이다. 장바구니 물가와 직결돼 있고 국민의 관심이 높기 때문이다. 우리나라 농수산물 유통은 '고비용 저효율'이라는 고질병을 안고 있다. 영세 소규모 농가, 다품목 생산체제가 가지는 특수성 때문이다. 불합리한 유통비용과 비효율, 낭비를 없애고 고질적 병폐를 개선하고자 역대 정부에서 많은 노력을 하였으나 아직 미흡하다. 과거에는 주로 도매시장이나 공판장 건설 등 시설개선에 치중하였고 시장 거래제도나 운영, 유통정보, 직거래 등 소프트웨어 측면의 성과가 낮았다. 이제 '유통단계 축소'에 그치지 않고 다양한 유통경로를 개발하고, 직거래 체제를 강화하며 정가, 수의매매를 활성화 하는 등 도매시장 제도를 개선하자. 대형마트가 주도하는 소매유통도 경쟁을 유도하여 유통비용을 감소시키고, 사이버거래를 확충하는 등 농산물 유통에 새로운 바람을 불어넣어야 한다.

농림 공직자 생활을 하면서 아픔과 고통도 많았다. 농업인과 농림부 입장과 부합되지는 않으나 국가 차원에서 추진해야 하는 자유무역협정 (FTA)이 대표적 경우이다. 농림정책이 무시당하거나 평가절하될 때의 서글픔과 분노도 많았다. 공직을 그만둘까 하는 생각도 여러 번 하였다. 그러나 나 자신의 개인적 판단과 행동이 문제 해결이나 대안이 될 수 없다는 인식으로 참고 견뎠다. 같은 시행착오를 후배들이나 후손들은 되풀이하지 말아야 한다는 생각이다.

우리 농업에 대해 '국토가 좁다, 규모가 작다, 생산성이 약하다, GDP 비중이 떨어진다' 등 부정적 견해를 가진 사람도 많다. 개방화 파고도 높고, 기상이변, 생산비 상승, 인력 부족 등 전반적인 농업 여건은 어렵다. 그러나 선진 강국의 농업 현장과 국내 농업 현장을 발로 뛰면서 느낀 점은 '희망이 있다'는 것이다. 우리나라는 인프라나 인력 면에서 보강해야 할 점도 많지만, 사계절 변화가 뚜렷하고 지역마다 독특한 문화가 있으며 경지나 도로, 인터넷 환경 등 좋은 생산기반을 갖추고 있다. 희망의 토대 위에서 우리 농업의 미래를 내다보자. 그것이 곧 국민에게 행복을 주는 '국민농업 시대'를 여는 열쇠다. 농업 경쟁력의 핵심은 규모가 아니다. 농산물 생산, 유통, 수출 시스템을 얼마나 효율적으로 구축하느냐에 따라 농업 경쟁력이 좌우된다.

최근 농업은 생산, 가공, 유통 등을 아우르며 '고부가가치 신(新)농업'으로 발전하고 있다. 신 농업 시대의 농업은 패러다임이 바뀌어야 한다. 농수산물 생산, 유통, 가공, 수출 등 전 분야가 변해야 한다. 농업이 1·2·3차 산업이 융복합되는 6차 산업으로 변모되고 있는 것은 생산 중심의 '먹는 농업'에서 탈피하라는 메시지이다. 보는 농업, 기능성 농업, 치료농업, 관광농업, 미래농업으로 변화해야 한다. 빌딩 안에서 컴퓨터로 온도와 습도를 조절하고 농사를 짓는 수직형 빌딩농장, 바닷물로 농사짓는 해수농업, 대체 에너지원으로 주목받는 미세조류 등 농업 분야 미래 변화는 예측이 어려울 정도다. 첨단과학과 기술을 융복합하고 창의력과 다양성을 살려야 농업에 희망이 있다. 6차 산업 시대의 농업은 농산물 생산, 유통, 소비, 수출입 등 전방위에 걸쳐 부가가치를 증대시키고 신 성장동력을 창출할 수 있다.

농촌은 농업인의 일터만이 아니다. 국민의 휴양, 관광, 오락 등 전체 국민의 '삶의 터전'이다. 농업인을 위한 농업, 농민의 농촌만이 아니라 '국민농업'으로 변모해야 한다. 에이브러햄 링컨 미국 대통령은 미국 농무부를 설립하면서 그 이름을 '국민의 부처'(The People's Department)라고 하였다. 국민과 함께하는 '국민농업' 시대를 열어가야 한다는 뜻이 담겨 있다. 선진국 중에서 농업 강국이 아닌 나라는 없다. GDP 중에 차지하는 비중이나 인구비중으로 산업의 중요성을 평가해서는 안 된다. 경제적 관점에서 농업 비중은 미미하다. 국민총생산(GDP)의 3% 정도를 차지한다. 농업의 GDP 비중이 낮다고 해서 중요성이 떨어지는 것은 아니다. 농정 이슈는 바로 국정 현안과제로 이어지고 잘못되면 국가적 위기가 올 수 있다.

정부가 역점 추진하는 창조경제도 우리 농업 분야에서 꽃이 핀다는 생각이다. 나는 '창조경제'를 과거의 익숙한 관행에서 벗어나 적은 인력과 비용으로 더 많은 일을 추진하는 것이라고 생각한다. 창조경제가 나아가야 할 길은 누군가를 따라가지 않는, 전혀 새로운 분야로 도전하는 것이라고 나는 생각한다. 농업이야말로 창조적 아이디어와 기술개발이 융복합하여 창조경제의 꽃을 피울 산업이다. 예로부터 과학적인 고농서, 세계 최초의 강우량 관측기구인 측우기, 씨 없는 수박, 통일벼 개발 등 창조적 산물은 많다. 사양 산업이라고 불렀던 양잠 산업이 화장품, 치약, 비누, 누에그라, 인공고막, 인공뼈 등 다양한 고부가가치 산물을 생산하고 있는 것이 좋은 예이다.

나는 이 책을 통해 구체적인 농정 현안을 이론적으로 분석하기보다는 다양한 견해를 집약하여 해결방향을 제시하려고 했다. 농업과 농촌, 농민들이 직면하는 과제를 한두 가지 정책으로 단기간에 해결하기는 어렵다. 그러나 방향을 잘 잡고, 실천적 대안을 강구하면 의외로 쉽게 해결책을 찾을 수 있다. 이 책이 희망 있는 '신 농업 시대'를 열어나가고, 농업에 대한 많은 국민들의 창조적 아이디어를 수집하며 관심과 성원을 높이는 데 기여하기를 기대한다.

2014년 2월 김재수

푸른농촌 희망찾기 프로젝트

정치농업 시대를 마감하자

Chapter

1

농업과 정치

농업과 정치

농업에 대한 정치권의 각별한 관심과 지원 필요

어느 때보다 높은 관심 속에 지난 11일 제19대 국회의원 선거가 치러 졌다. 선거에서 당선된 당선자들에게 축하인사를 드리며 낙선자들의 노고에도 위로를 보낸다. 다만, 주요 정당의 핵심공약에서 농업 관련 내 용이 부족한 점이나 당선자 가운데 농업계 인사가 적다는 점이 아쉬움 으로 남는다. 전방위로 다가오는 자유무역협정(FTA) 등 개방화와 기상 이변, 생산과 소비 구조변화, 농촌 인력부족 등에 대응하고, 국민 식량 의 안정적 확보, 농촌 일자리 창출, 식품과 수출산업 육성 등 농업 분야 에 해결과제가 너무나 많다. 앞으로 4년간 대구·경북을 대변할 국회의 원 당선자들은 물론 낙선자들도 지역 농업에 대한 각별한 관심과 지원 을 당부 드린다.

농업 발전 없이 중진국까지 도달할 수 있어도 선진국 진입은 어렵다. 노벨 경제학상을 받은 쿠즈네츠의 말이다. 미국, 영국, 프랑스 등 G7국 가는 모두 농업 강국이다. 미국의 링컨 대통령은 1862년 농무부를 창설 하면서 명칭을 국민의 부처(People's Department)라고 했다. 농업이 전 국민을 위한 산업이고 농무부가 전체 국민을 위해 일하라는 뜻으로, 농업을 중시하는 미국 정부의 인식이 잘 드러난다. 그 결과 미국은 세계 최강의 농업국가이며 지난해 농산물 수출액이 1,500억 달러에 이른다. 프랑스의 사르코지 대통령은 "농업은 나노공학, 우주산업처럼 미래를 여는 열쇠"라고 했고, 일본 정부도 "농업이 일본을 구한다"는 기치 아래 각종 발전대책을 추진하고 있다.

우리 농업에 대해 "좁은 국토에서 희망이 없다", "공산품 수출이 더 중요하다", "농가 인구가 전체 인구의 6% 정도이며 국민총생산 비중도 3%에 불과하다"는 등 비관적 견해도 있다. 그러나 최근 선진국이 농업을 고부가가치 첨단산업으로 인식하여 많은 지원을 하고 있는 사실을 직시해야 한다. 농작물이 사람이 먹는 식량이나 가축사료를 넘어 기능성 식품, 식의약 소재, 첨단 신소재, 고부가가치 상품으로 변해가고 있다. 수십년간 농업 분야에 근무한 경험과 선진 강국의 농업현장을 보면서 느낀 필자도 "희망이 있다"고 확신한다. 다만 정책과 제도, 인력과 재원을 제대로 활용해야 한다. 농업을 더 이상 국민의 감정이나 정서에 호소하는 이념 이슈나 정치 상품으로 만들지 말아야 한다.

경상북도는 새마을운동을 가장 먼저 추진하여 대한민국 농촌을 획기적으로 발전시킨 지역이다. 우리나라 농업이 발전하기 위해서는 경상북도 농업이 선도해 나가야 한다. 이를 위해 첫째, 경상북도를 대한민국 농업의 메카로 만들어야 한다. 경북 농업이 국가에서 차지하는 비중은 더 강조할 필요가 없다. 쌀을 비롯해 과일·채소·축산·수산 등 모든 농수산물을 두루 갖추고 있고 생산량이 전국에서 가장 많다. 경북 지역에서 농수산물의 생산기반을 확고히 다지는 것은 국가 안보와도 직결된다. 국민의 먹을거리를 안정적으로 확보하기 위한 경북의 역할을 다시 새기자.

둘째, 지역 식품산업을 적극 육성해야 한다. 영양군의 '음식디미방'은 식품영양학자들도 현대판 건강식, 웰빙식이라고 극찬한다. 포항의 과메기, 안동의 제례음식 등 특색있는 지역 농식품을 활용하여 고부가가치 식품산업을 발전시켜야 한다. 농산물 가공을 활성화하고 지자체와 유기적으로 협조하여 식품 관련 연구소나 식품 클러스터를 육성하고 조직과 연구인력, 재원을 집중지원하면 경북 농업이 꽃을 피울 것이다.

셋째, 경북 농어업인, 공직자, 유통상인, 가공식품 및 수출 관련 종사자들을 조직화해야 한다. 상공회의소 형태의 '농업회의소'를 구축하고 이를 중심으로 정보나 기술을 활용할 수 있는 인적 네트워킹을 강화해야 한다. 교육훈련을 강화해 정예인력을 육성하고 기상재해나 병해충, 가축질병 등 위험요인에 대비한 지역단위 공동 대응체제도 이를 활용해야 한다.

원래 농업은 하늘(天), 땅(地), 사람(人)이 어우러진 산업이다. 요즈음 말로 융복합 산업이다. 햇빛, 물, 공기, 땅, 종자가 필요하고 여기에 생산, 유통, 소비, 수출입 과정을 거치며 정보기술(IT), 생명공학기술(BT), 나노기술(NT) 등 각종 최첨단기술이 들어간 복합체이다. 경상북도에서 가장 선도적으로 농업을 고부가가치 신소득산업으로 이끌어가자. 뜨거웠던 선거 열기만큼이나 정치권의 농업발전 의지를 보여주자. "정치와 농업은 하나다"(政農不二)는 인식을 경북에서 우선적으로 가꾸어 나가자. | 영남일보 2012.04.20

불신의 시대
다산을 떠올리는 이유

공직자는 상대를 존중하고 국민을 존중하라는 다산의 말씀

"나라를 망하게 하는 것은 외침(外侵)이 아니라 공직자의 부정부패에 의한 민심의 이반(離反)이다. 백성을 사랑하는 근본은 재물을 절약해 쓰는 데 있고 절용하는 근본은 검소한 데 있다. 검소해야 청렴할 수 있고 청렴해야 백성을 사랑할 수 있다. 그러므로 검소함은 목민관이 된 자가 가장 먼저 힘써야 할 덕목이다."

조선시대 최고의 실학자로 꼽히는 다산 정약용이 저서 《목민심서》에 남긴 말이다. 공직자의 자세를 일깨우는 수많은 금언(金言) 중에서도 단연 가슴에 와 닿는다. 정약용은 늘 백성 편에 선 목민관이었다. 훗날 그가 역모를 했다는 누명을 썼을 때, 반대파인 노론 벽파도 백성들의 반발을 우려해 그를 죽이지 못하고 강진으로 유배를 보내는 것에 그칠 정도였다.

두 권으로 구성된 《정약용과 그의 형제들》은 '시대가 만든 운명', '이들이 꿈꾼 세상'이라는 2개의 제목 아래 다산 정약용과 그의 형제들이 이룩한 성과와 업적은 물론이고 정치적인 좌절과 실패, 인간적인 면모까지 자세히 조명하고 있다. 저자가 철저히 연구한 자료를 바탕으로 한 이 책을 읽으며 다산 선생과 관련된 역사 속 사건을 따라가다 보면 우리 역사를 새로운 시각에서 바라볼 수 있다.

정약용은 치열한 당쟁에 휘말려 18년간 귀양 생활을 했다. 형제들도 참수당하거나 유배지에서 숨을 거뒀다. 자신과 형제들에게 닥친 시련에도 정약용은 '백성을 위해 나라가 있다'는 믿음을 절대 버리지 않았다. 토지는 사대부가 아니라 농사짓는 백성에게 돌아가야 한다고 주장했다. 신분과 지역 차별을 없애고 재능 있는 사람을 우대해야 사회가 발전한다고 믿었다. 정약용의 개혁안이 받아들여졌다면 우리 역사는 많이 달라지지 않았을까.

책을 읽으며 나의 공직생활도 되돌아봤다. 30년 넘게 공직자로 살아오면서 많은 일을 맡았고, 나라를 휘청거리게 했던 일들도 겪었다. 시장과장으로 농안법(농수산물 유통 및 가격 안정에 관한 법률) 파동을 수습했고, 국제협력과장으로 우루과이라운드 이행계획서(CS) 파동을 마무리했다. 농산물유통국장으로 '한중 마늘협상 파동'을 몸으로 겪었고, 주미 대사관 농무관으로 한미 간 쇠고기 협상을 현장에서 보고 겪었다.

파동 때마다 장차관이 경질되는 현실도 지켜봐야 했다. 공직자로서 한계를 느끼고 좌절과 회의감이 들 때도 많았다. 그럴 때 초심을 떠올리며 자세를 가다듬었다. 자신의 안위보다 나라 발전이 우선이고, 공직자가 두려워해야 할 유일한 존재는 국민이란 다짐도 잊지 않았다.

어느 시대든 위정자들이 새겨야 할 중요한 가치는 '존중'이다. 상대를 존중하고, 국민을 존중해야 한다. | 동아일보 2013.04.01

공기업에 대한
국민 기대와 역할

'철밥통' 인식 벗을 특단의 변화 받아들여야

정부 역할을 보완해 줄 공기업에 대한 국민의 기대는 매우 높으나 현실은 그렇지 못하다. 오히려 공기업 부실이나 비효율, 비리에 대한 국민의 질책이 증가되고 있다. 공기업 운영이 방만하고 신뢰가 떨어지는 경우가 많아 정부가 바뀔 때마다 공기업 개혁이나 구조조정 이야기가 나온다.

여러 가지 이유가 있으나 진단이 간단하지 않고 해결방안도 쉽지 않다. 근본적인 해결을 위해서는 정부와 공기업과 국민이 머리를 맞대어 해결방안을 찾아야 한다.

필자가 한국농수산식품유통공사 사장으로 취임한 지 1년이 되었다. 공직생활의 경험과 노하우를 살려 공기업의 구조적인 비효율을 개선하고자 많은 노력을 하였으나 당초 기대만큼 성과를 내지 못한 것 같다. 공기업 나름대로 여러 가지 애로와 한계가 있지만, 당초 목적을 수행하여 국민 신뢰를 받기 위해서 많은 개선이 이루어져야 한다.

국민들은 여전히 공공기관이나 공기업은 권위적이고 정체되어 있으며, 때로는 정부보다 더 딱딱한 '철밥통'이라고 인식한다. 조직과 운영의 경직성 때문이다. 필자가 공기업을 운영하면서 느낀 애로사항도 경영구조가 국민 요구에 알맞게 신축적으로 운영되기 어렵다는 점이다. 법령 규정이나 업무특성의 제약도 있으나 공기업 임직원이 가진 관행적인 특성에도 원인이 있다.

지역 균형발전이라는 국가적 과제달성의 경우에도 공기업이 앞장서

노력해야 하나 한계가 많다. 현실적으로 지역 대학생들은 취업에 많은 어려움을 겪고 있다. 많은 학생들이 공기업 취업을 선호하는 점을 감안하여, 공사는 지역 대학과의 업무협정 체결, 직원 채용시 지역할당제 실시, 국내외 인턴 채용, 대학생 논문 경시대회 등 여러 가지 노력을 기울이고 있다.

그러나 이러한 방안도 일시적 대책에 불과하지 근본적 대책이 될 수 없다는 점을 실감하였다. 법령이나 제도운영의 경직성 때문이다. 고용의 신축성도 매우 제한적이다.

대선주자들도 '공공기관 지역고용할당제 실시'를 주요 정책으로 들고 나왔지만 구체적인 실행방안은 제시되지 못하고 있다. 특히 농어업 관련 공기업의 경우, 업무특성상 농어촌과 농어업을 잘 이해하는 지역 인재가 필요함에도 불구하고 공공기관이 독자적으로 지역할당 채용을 추진하기는 쉽지 않은 현실이다.

정부 의존도가 높은 현행 공기업의 업무구조는 오히려 공기업 스스로의 자생력을 떨어뜨릴 수 있다. 사업계획 수립에 있어서도 창의적인 계획을 수립하기보다는 과거 선례를 답습하는 방식을 따르기 쉽다. 새로운 방안을 들고 정부나 이해관계자를 설득하여 예산과 조직, 인력을 확보하기는 쉽지 않다.

공기업이 국민의 기대에 부응하려면 최대한 자율적이고 신축적인 업무추진이 되어야 하며, 끊임없이 창의와 혁신이 이루어지도록 해야 한다.

공기업의 경영실적을 평가하는 현행 시스템도 개선이 필요하다. 세계적인 경영학자 피터 드러커는 "조직이 건강하기 위해서는 무엇보다 고도의 성과기준이 요구되어야 한다"고 했다. 현재 공공기관 평가시스템은 외형적 결과를 중심으로 한 계량지표와 비계량지표를 중심으로 평가를 하고 언론보도도 영향을 받는다. 업무개선 노력이나 새로운 업무를 추진한 실적은 제대로 평가받기 어렵다.

업무혁신이나 개선 부분이 비계량적인 부분도 많고 항상 눈에 보이는 결과물로 나타나지 않는 경우도 많다. 기관마다 고유한 업무 특수성도 인정되어야 한다. 경영성과를 측정할 수 있는 다양한 평가시스템이 강구되어야 한다. 경영성과를 높이고 건강하게 운영되기 위해서는 한 차원 높은 성과평가 기준이 필요하다.

공기업이 국민의 기대에 부응하려면 다시 태어나야 한다. 공기업이 '고비용 저효율', '철밥통'이라는 그릇된 인식을 불식시키고 효율과 생산성이 높은 기관으로 탈바꿈하기 위한 조직과 인력, 예산의 자율성과 신축성이 필요하고 이를 위한 법적·제도적 개선 방안이 시급히 마련되어야 한다. 공기업이 국민의 사랑과 신뢰를 받는 진정한 '국민 기업'이 되기 위해서 해야 할 일은 너무나 많다. | 경인일보 2012.11.29

서울TK와 토종TK
소통 가로막는 무의미하고 소모적인 논란

　최근 지역사회에서 '서울 TK'와 '토종 TK'라는 신조어가 나와서 많은 사람들을 어리둥절하게 한다. 토종 TK에 대한 개념도 모호하다. 중고등학교는 물론 대학까지 대구와 경북지역에서 나와야 한다는 사람도 있고 더 나아가 직장도 대구 경북에 위치하고 생활도 이 지역에서 해야 한다는 사람도 있다. 무의미한 논쟁이고 논의 자체가 백해무익하다.

　필자는 지역에서 학창생활을 마치고 대학졸업 후 중앙 행정기관에서 근무하였다. 30년 이상을 공직자로 근무하면서 대구와 경북 지역 발전을 위해 크고 작은 업무를 수행하였으며, 필자뿐만 아니라 많은 지역 출신 중앙 공직자들이 대구와 경북지역의 발전을 위해 다양한 일을 해왔다. 이들에게 지역의 발전은 큰 기쁨이었고 나름대로의 노고를 고향에서 알아주는 것이 보람이었다.

　음으로 양으로 지역발전을 위해 일해 온 TK 출신 인사들에게 "우리만이 오리지널 토종 TK"라는 배타적 주장은 씁쓸함을 넘어 자괴감마저 가져온다. 일부 정치적 의도가 있다고도 하지만 이러한 분열적이고 배타적인 행태는 지역발전에 전혀 도움이 되지 않는다.

　국가공무원법 제1조는 "각급 기관에서 근무하는 모든 국가공무원에게 국민 전체의 봉사자로서 행정의 민주적이며 능률적인 운영을 기하게 하는 것을 목적으로 한다"고 명시하고 있다. 법에 명시된 국민 전체에 대한 봉사자로서의 역할을 하면서 동시에 고향발전을 위해 일하고 있는 출향민에게 더 이상 상처를 주어서는 안 될 것이다.

'토종 TK' 논쟁도 따지고 보면 수도권 중심의 발전으로 인한 지역 경제의 침체에서 기인된 것이다. 해답은 수도권에 집중된 물적·인적 재원을 균형적으로 배분하여 지역을 발전시키는 것이다. 지역균형 발전을 위한 수많은 논의에도 불구하고 성과는 미흡하다. 이제 구체적인 대안을 내야하는 단계이다. 대안은 중앙과 지방의 상생과 협력이다.

'상생'은 최근의 화두이자 국가적 해결과제이다. 구세대와 신세대, 도시와 농촌, 대기업과 중소기업, 그리고 중앙과 지방이 다함께 더불어 잘 사는 것이 상생의 핵심이다. 상생의 현실적 실천방안은 협력과 소통이다. 농산물 작황이나 유통실태 점검을 위해 대구 경북지역을 방문하다 보면 중앙과 협력이나 소통이 잘 되지 않는다는 점을 절실히 느낀다.

한국농수산식품유통공사는 지난 16일 경북지역 농수산식품 수출증대를 위해 경상북도와 상호 업무협조약정(MOU)을 체결하였다. 중앙과 지방의 소통을 활성화하고 상호협력을 증진시키기 위해서다. 농식품 수출증대를 위해서 소통과 정보공유 등 중앙과 지방의 업무협조는 중요한 수출전략이다.

세계화의 영향이 안방 깊숙이 침투하고 있고 국경이 없어지는 글로벌 시대이다. 세계화(globalization)와 지역화(localization)가 합쳐진 세방화(glocalization)가 앞으로 다가온다. 세방화 시대, 디지털 시대에 살면서 지역 분열과 대립을 가져오고 많은 출향민들에게 실망감을 주는 소모적인 TK 논쟁에 종지부를 찍고, 희망과 비전이 있는 지역발전방안 마련에 전력을 기울이자. | 영남일보 2012.02.24

지방과 중앙이
공생하는 길

경쟁력 키우는 데 어느 한쪽 노력만으론 한계

눈이 녹아서 비가 된다는 절기 우수(雨水)가 이제 지났다. 우수는 봄에 들어서는 입춘(立春)과 동면하던 개구리가 놀라서 깬다는 경칩(驚蟄) 사이에 있는 절기로 우수를 지나면 아무리 춥던 날씨도 누그러져 봄기운이 돈다고 한다.

겨울이 지나면 봄이 오는 것은 자연의 순리이다. 이제 병충해 예방과 농기구 손질, 종자를 챙기는 일 등 영농 전반에 걸친 준비를 본격적으로 시작하여 올해도 풍년농사, 다함께 잘사는 농어촌 건설을 추진해야 한다.

최근 농림수산식품부의 발표 자료에 따르면, 지난해 연간 1억 원 이상 소득을 올린 농업인은 1만 6천여 명으로 조사됐다. 2009년 조사(1만 3994명)보다 14%나 증가한 수치다. 특히 우리나라 대표 농도(農道)인 경상북도가 7500여 농가로 절반 가까운 44.8%를 차지한 것은 큰 의미가 있다.

정부의 시설 개선을 통한 규모화와 생산성 향상, 산지 마케팅 경쟁력·교섭력 증대, 가공산업 육성정책과 더불어 대구·경북 지방자치단체의 농업정책이 성공적으로 추진되어 고소득 농가가 증가한 것으로 분석된다. 중앙정부와 지방자치단체의 여러 가지 시책이 효과를 발휘한 것이다.

흔히 지방이 어려운 이유를 중앙정부의 무관심이나 정책 실패로 돌리는 경우가 많다. 그러나 지방경제가 활성화되고 지역의 소득이 증대되기 위해서는 중앙정부와의 협조가 필수적이다. 재원 배분과 정책공조, 인적 교류, 공동협의회 구성 등 여러 가지 측면에서 중앙정부의 협조가 필요하다.

한국농수산식품유통공사(aT)는 지난주 농식품 수출확대, 유통개선, 식품산업 활성화를 촉진하기 위해 경상북도와 업무협력약정을 체결했다. 양 기관은 앞으로 농수산식품 가공·유통·수출 등에 대한 실태조사 및 컨설팅 지원, 농식품 수출확대를 위한 행정적 협력, 생산지와 소비지 간 직거래 활성화 지원, 국내외 소비시장 실태 및 정보교류 등에 협력해 나갈 계획이다.

올해는 한미 FTA 등 본격적인 개방이 이루어질 것이므로 국내 농업의 경쟁력 확보가 무엇보다 중요하다. 우리 농업의 경쟁력 증진을 위해서는 지자체의 노력만으로는 한계가 있기 때문에 중앙정부와 지자체, 시·군과 민관의 협력이 중요하다.

중앙과 지방의 협조체제 구축은 다양한 채널로 이루어질 수 있고 여러 가지 방안이 있다. 지역의 재정자립도 등을 감안한 예산편성, 지역에서 생산된 우수 농산물의 직거래장터 확대, 농산물 수출시 덤핑 업체에 대한 강력한 공동 제재, 귀농·귀촌 지원 및 농어촌 체험프로그램 개발 등 중앙정부와 지자체의 공동 대응방안은 다양하다.

지자체도 중앙정부의 정책을 단순 시달하는 역할에 머물러서는 안 된다. 적극적으로 현장의 의견을 전달하고 대안을 제시할 수 있어야 한다. 중앙정부와 지자체 관계자들이 원활하게 소통하고 아이디어를 모은다면 충분히 해답을 찾을 수 있을 것이다.

최근 대구시와 경북도가 농업 발전 등을 포함한 9개 공동 협력사업을 본격 추진하기로 한 것은 매우 고무적인 일이다. 경북에서 생산하는 질 좋은 농축산물을 저렴하게 대구시민에게 공급하는 상설 매장을 공동 운영하고, 대구 농업인대학과 경북 농민사관학교의 입학 자격을 서로 개방해 농업기술 교류 등에 협력을 강화하기로 한 것은 다른 지자체에 좋은 본보기가 될 것으로 기대된다.

대구·경북 지역이 국가 농업 전반에 차지하는 위상을 고려할 때, 농식품 수출과 유통 분야에 더 많은 지원정책이 필요하다. 한국농수산식품유통공사는 그동안 축적해 온 다양한 정보와 경험을 바탕으로 우리 농산물 생산에서 큰 비중을 차지하는 대구·경북 농업 육성을 위해 여러 가지 지원을 해나갈 것이다. 안전 농산물 생산기반 강화, 수출유망품목 발굴, 해외시장 개척활동 등 여러 분야에 걸쳐 더 많은 노력을 기울일 계획이다.

올해 우리 농수산식품 수출목표인 100억 달러를 달성하고 농식품 산업을 활성화시키기 위해서는 지자체와 중앙정부의 협력관계가 뒷받침되어야 한다. 본격적인 영농시기를 맞아 중앙정부와 지자체, 현장 농가들이 공생하는 방안에 대해 더욱 많은 관심과 지원을 기울여야 할 시기이다. | 대구일보 2012.02.22

민선 5기 지방자치의 성공을 위한 제언

지역주민의 높아진 기대치에 부응할 발상의 전환을

   민선 5기 지방자치가 7월 1일부터 시작된다. 1995년 지방선거 이후 15년 만에 54.4%라는 최고투표율을 기록하며 6·2지방선거가 치러졌다. 이번 선거는 높은 투표율만큼이나 온 국민들의 관심이 집중되었고 선거 결과에 대한 평가도 다양하다. 지역주민들의 뜨거운 지지로 당선된 분들께 먼저 축하의 인사를 드린다. 이번 지방선거 과정과 투표결과를 지켜보면서 앞으로 4년간 지방행정을 맡아야 할 지역단체장에게 다음 몇 가지를 제언하고자 한다.

   첫째, 농업과 농촌을 지방행정의 가장 우선적인 정책과제로 삼아야 한다. 농업발전을 통해 지역경제를 활성화시키겠다는 의지를 표명하고 실천계획을 수립해야 한다. 농업은 국민의 식량을 책임지는 기본적 역할뿐 아니라 생태환경을 보전하고 인간의 삶을 아우르는 복합적 기능을 하는 산업이다. 생산중심의 1차 산업을 넘어 가공·저장·유통에 이르는 2차 산업으로 발전하였고, 최근에는 관광·휴양·서비스 등 3차 산업으로 변모해가고 있다. 기능성 식품이나 바이오 신약·천연염료 등 다양한 식의약 소재나 고부가가치 상품으로 위상을 높여가는 것이 농산업의 최근 현실이다. 곤충산업도 고소득 분야로 대두되고 생물자원 시장은 무궁무진하다. 예전에는 상상하기 힘든 정보(IT), 생명공학(BT), 나노기술(NT)이 융복합된 기술집약형 고부가가치 산업으로 변해가는 농업과 농촌의 여건을 인식하여 지역경제 발전대책을 수립해야 한다.

둘째, 농촌의 자연 환경과 전통 문화자원의 소중함을 인식하고 이를 지역발전과 연계해야 한다. 농촌은 농민의 일터이자 삶의 터전이며 도시인들에게는 가족과 함께 여가나 휴양을 할 수 있는 쉼터이기도 하다. 도시민의 귀농욕구도 나날이 증대된다. 농촌의 깨끗하고 쾌적한 환경은 그 자체가 우리 후손들의 큰 자산이므로 잘 보전해서 미래의 자원으로 가꾸어야 한다. 우리 농촌의 전통문화 자원을 잘 살리는 것도 중요하다. 지역민의 자긍심을 높이고 문화적 소양을 함양하며 나아가 국격을 제고하기 위해서도 전통문화자원을 잘 관리해야 한다.

셋째, 지역주민과 끊임없이 소통하고 선심성, 이벤트성 행사를 개혁해야 한다. 소통의 중요성은 더 강조할 필요도 없다. 행정기관 업무의 일방적 홍보가 소통이 아니다. 지역주민과 주고받는 양방식 정보교환과 수평적·수직적 의견교환이 제대로 이루어지는 소통을 해야 한다. 지역주민의 인식도 변했고 수준도 많이 높아졌다. 지방자치제는 민주주의의 꽃이며 민주주의의 완성도와 성숙도를 가늠하는 척도이다. 지역생활과 밀착되고 지역주민들의 참여를 이끌어낼 수 있는 특색 있는 지역정책을 개발하여 지방자치를 정착시켜야 한다. 지방선거의 뜨거웠던 열기만큼이나 지역정책에 대한 주민들의 기대도 크다. 지역주민의 높아진 기대와 변모된 인식을 바탕으로 무한한 지역잠재력을 개발하는 새로운 행정을 추진해야 한다. 지역발전과 지역민의 삶의 질 향상을 위해 민선 5기 대구·경북 자치단체장이 해야 할 일은 너무나 많다.

| 영남일보 2010.06.19

분절된 틀
뛰어넘어 본질을 직시하라
통섭형 인재가 우리 사회 곳곳에 등장하기를

인류는 21세기 들어 복잡하고 불확실한 새로운 문제와 위기에 끊임없이 직면해 왔다. 《지식의 통섭》(최재천·주일우 엮음, 이음)은 '인류가 직면하고 있는 위기의 본질은 무엇이고, 어떻게 극복할 수 있을까' 라는 질문을 던지지만 그 해답을 제시해주지는 않는다. 다만 통섭(統攝)이라는 새로운 발상과 시각을 제시한다. 그 시각은 단순하다. 과학이라는 형식적 학문체계로 인해 소우주에 감금된 채 부분적 진실에 목을 매는 우리에게 과감하게 형식의 울타리를 부수고 밖으로 나올 것을 요구한다.

통섭적 방법론이 새로운 학문적 시도는 아니다. 이미 우리 조상들은 성리학을 통해 분절된 과학적 틀에 매이지 않고, 사물의 본질과 인간의 삶, 우주의 보편적 질서를 통합적·연역적으로 탐구해 왔다.

그럼에도 통섭적 방법론을 통한 문제 해결에 관심을 가져야 하는 이유는 우리가 처해 있는 현실이 너무 복잡하고 불확실하기 때문이다. 기후온난화 문제만 해도 문제 해결을 위해 자연과학적 지식만을 필요로 하는 것은 아니다. 생명과학·경제학 등 인문학과 사회학을 통섭하는 전방위적 지식과 경험이 요구된다.

몇 년 전 작고하신 백남준 선생은 인문학과 자연과학을 통섭하며 얻은 영감으로 비디오 아트라는 새 장르를 창조해 세상을 놀라게 했다. 제 2, 제3의 비디오 아트를 창조하는 통섭형 인재가 우리 사회 곳곳에 등장하길 기대해 본다. | 경향신문 2009.04.15

찰스 랭글 의원의
23선 도전을 보며

미국의 원로의원이 보내온 농업외교 감사패

찰스 랭글 미국 연방 하원의원은 이웃집 할아버지 같은 인상으로 잘 알려진 대표적인 친한파 의원이다. 2013년 5월 박근혜 대통령이 미국 상·하원 합동연설에서 직접 호명하며 감사의 뜻을 전하기도 했던 의원이다. 뉴욕시 할렘가의 가난한 집에서 태어나 구두닦이 등을 하면서 어려운 어린시절을 보냈다. 20세인 1950년 6·25전쟁에 참가했고 혁혁한 공로로 무공훈장을 받았다. 이 전쟁 후 로스쿨을 졸업하고 변호사로 가난한 서민과 흑인 등 사회적 약자를 보호하는 새로운 인생을 출발했다. 하원 세입위원장 등 주요 요직을 경험한 22선의 하원의원이다.

한국 나이로 올해 85세다. 다시 23선에 도전한다고 한다. 그의 도전을 보면서 올해 60세가 되는 1955년생을 비롯한 베이비부머의 도전과 열정을 기대한다. 6·25전쟁 후인 55~63년에 태어난 베이비붐 세대, 규모로는 약 712만 명으로 전체 인구의 15%를 차지하는 거대 인구집단이다. 대부분이 직장에서 퇴직했거나 서서히 퇴장을 준비하는 사람들이다. 베이비부머 세대는 초등학교 때부터 다양한 교육제도의 시험대에 올랐고 급변하는 정치, 경제, 사회변화에 적응하느라 어려움이 많았다. 그러나 좌절하지 않고 끊임없이 도전해 국가와 사회발전에 기여했고 많은 경험과 노하우를 축적했다. 보람과 후회를 동시에 짊어지고 역사의 뒷골목으로 퇴장하는 베이비부머 세대 모습과 23선에 도전하는 찰스 랭글 의원 모습이 대조적으로 여겨진다.

찰스 랭글 의원이 얼마 전 필자에게 감사패를 보내왔다. 농업발전과 국제협상, 한·미 교역증진과 외교발전 등에 기여한 공로를 기린다고 했다. 격이 높은 감사패라고 하니 감사할 따름이다. OECD 근무, 통상협력과장, 국제협력과장, 주미대사관 농무관을 거치면서 여러 협상을 마무리하고 많은 파동도 겪었다. 잘 마무리된 이슈도 있으나 아직 미진한 과제도 많다. 필자의 자그마한 노력도 미 하원의원의 눈에 소중하게 보인 모양이다.

필자는 2013년 12월 초 유럽 문화의 중심지인 프랑스 파리에 해외지사를 개설하고 우리 식품 홍보와 판매촉진 행사를 했다. 한국 식품의 유럽 수출 가능성을 확인하면서 사르코지 전 프랑스 대통령을 떠올렸다. 2011년 6월 파리에서 개최된 G20 농업장관회의에서 당시 사르코지 대통령은 "자본주의 체제의 지나친 일탈은 적절한 조정이 가해져야 한다. 규제 없는 시장은 시장이 아니다"고 강조했다. 농림부 차관으로 참석한 필자는 55년생 동갑내기인 사르코지 대통령 연설에 많은 감명을 받았다. 변화와 혁신의 아이콘으로 알려진 스티브 잡스도 55년생이다. 디지털 업계를 넘어 경영, 사회 전반에 많은 변화를 가져왔다. 빌 게이츠도 55년생이다. 부인과 함께 자선재단을 설립하고 에이즈 퇴치 등에 적극 나서고 있다.

인생은 60세부터라는 말이 있다. 인생에 경륜이 쌓이고 사려와 판단이 성숙한 60세를 논어에도 이순(耳順)이라고 했다. 과거 60세라고 하면 은퇴를 당연시했지만 지금은 다르다. 그간 익힌 전문성을 발휘하고 다양한 경험을 활용해 지역사회와 국가에 봉사해야 한다. 2014년은 말의 해다. 말과 같이 힘차게 달리는 베이비부머가 되자.

Chapter

2

국민농업
시대를 열자

우리 농업의 길을 묻다

새 정부에 거는 기대, 국민농업 시대 열어나가길

 향후 5년간 국정을 이끌어갈 새 대통령이 선출되었다. 박근혜 대통령 당선자에게 진심으로 축하의 말씀을 드리며, 우리 농업 발전을 위한 공약사항이 모두 실현될 수 있기를 기대한다. 농업계에서는 이번 대통령 선거를 앞두고 불만도 많았다. 농업 부문에 대한 대통령 후보자들의 관심이 적고 내건 공약도 특별한 것이 없었기 때문이었다. 언론의 관심과 조명도 타 부문에 비해 상대적으로 적었다.

 선거과정의 관심 여하에도 불구하고, 2013년은 우리 농업 부문이 도약하느냐 아니면 정체되느냐 하는 기로에 있는 중요한 시기이다. 고령화, 비용증가, 소득정체, 생활여건 불리 등 우리 농업의 구조적 과제는 해결하기 쉽지 않다. 기후변화와 식량위기 등 세계적인 곡물시장 불안에 대비하면서 농업경쟁력도 높여야 한다. 이미 미국, 유럽연합(EU) 등과 자유무역협정(FTA)이 시행된 데 이어 2013년에는 중국, 일본과의 FTA도 본격화될 전망이다. 시장개방이 우리 농업에 본격적으로 영향을 미치는 시기인 만큼 그간의 농업정책을 점검하면서 향후 시책을 수립해야 한다. 농업의 구조적인 어려움에 대해 임시방편이 아닌 근본적인 해결방안을 강구해야 한다는 관점에서 우선적으로 다루어야 할 과제를 정리해 본다.

 첫째, 국민농업 시대를 열어야 한다. 국민의 먹거리를 안정적으로 공급하는 기본적인 역할을 수행해야 한다. 더 나아가 깨끗한 농촌을 만들어 달라는 시대적 요구에 부응해야 한다. 농업과 농촌이 농민의 일터만은 아니다. 농촌의 땅, 물, 산천은 생태를 보전하고 수자원함양, 토양보전 등 공익적 기능을 수행하는 국민의 삶의 터전이다. "농업은 단순한 경제의 일부분이 아니라 미래의 도전을 극복하기 위한 파트너"라는 독일 메르켈 총리나, 1862년 미국 농무부를 창설하고 그 이름을 국민의 부처(People's Department)로 한 링컨 미국 대통령의 인식은 국민과 함께하는 국민농업의 시대를 열어가라는 메시지이다.

둘째, 농업 영역을 확대해 나가야 한다. 농업 선진국들의 농업은 식량이나 가축사료를 넘어 기능성식품, 의약제품, 첨단신소재 등으로 넓어진다. 콩 단백질이나 바이오매스를 이용한 제품, 친환경 옥수수 플라스틱 등 고부가가치 첨단농업으로 변모하고 있다. 우리 농업도 '먹는 농업'에서 벗어나 보는 농업, 관광농업, 의료농업, 생명농업, 신소재농업으로 영역을 넓혀야 한다.

셋째, 연구개발(R&D) 효율화와 산학연 협력체계 강화이다. 우리 농업의 핵심과제가 비용절감이다. 비용의 상당부분이 유류와 전기, 농약, 비료 등 자재비와 인건비다. 그나마 면세유류나 농업용 전기료 혜택으로 견디고 있다. 농업 강국들은 식품 클러스터를 육성하여 기업, 정부, 연구기관이 통합시너지를 발휘하며 기술개발을 이뤄내고 있다. 산학연이 연계하여 생산비용 절감을 위한 기술개발을 이룩하는 것이 우리 농업의 경쟁력을 높이는 길이다.

넷째, 선택과 집중이다. 시대변화에 알맞은 농업정책 목표를 설정하고 정책을 추진하되 선택과 집중을 해야 한다. 세계적인 농업선진국 네덜란드는 17세기부터 다른 작물 재배가 불가능했던 해안 간척지를 기반으로 가축을 사육하고 낙농업, 가공농업 중심의 수출농업을 이끌어온 결과, 현재 세계 1위의 낙농업 국가로 대두되었다. 우리 농업이 쌀, 보리, 채소, 과수, 화훼, 축산, 수산 등 전 분야의 생산을 증대시켜 자급을 이루고 소득증대나 가격안정, 복지증진 등 모든 것을 이루겠다는 구상은 현실감이 떨어진다. 공허한 목표에 매달리지 말고 정책목표의 설정과 대책 마련에 선택과 집중을 해야 한다.

다섯째, 글로벌 시대에 알맞은 법령과 제도 개선, 조직과 기능 개편, 의식 선진화를 추진해야 한다. 과거 닫힌 시대의 정책을 대폭 개편하고, 농림 공직자와 농업인 인식도 변해야 한다. 정부와 연구기관, 농업인, 식품업계, 지자체 등 유관 기관 간에 원활한 소통과 협의를 바탕으로 새로운 설계를 해야 한다.

미국, 영국, 프랑스 등 G7 국가는 모두 농업 강국이다. 프랑스의 사르코지 전 대통령은 "농업은 나노공학, 우주산업처럼 미래를 여는 열쇠"라고 했고, 일본 정부도 "농업이 일본을 구한다"는 기치 아래 각종 발전 대책을 추진하고 있다. 농업 분야 과제를 해결하는 데 지속적인 관심과 지원을 당부 드린다. | 영남일보 2012.12.28

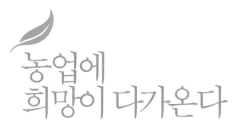

농업에 희망이 다가온다

농업 선진화가 선진 강국으로 가는 지름길

"농업도 세계 1등이 될 수 있습니다. 30년 역사밖에 안 되는 반도체·조선도 세계 1등인데, 5천년 역사를 가진 우리나라 농업이 세계 1등을 못할 이유가 없습니다." 지난해 우리 농업의 수출산업화를 위해 공사와 경기도가 업무협약을 체결하는 자리에서 김문수 경기도지사가 한 말이다. 우리 농업의 가능성과 자신감을 심어준 말이라고 생각된다.

우리 농업에 대해 "좁은 국토에서 희망이 없다", "개방화 시대에 살아남기 어렵다", "공산품 수출이 더 중요하다", "농가 인구가 전체 인구의 6% 정도이며 국민총생산 비중도 3%에 불과하다"는 등 비관적 견해도 있다. 그러나 필자는 우리 농업이 가능성이 있다고 확신한다.

그 이유는 농업경쟁력의 핵심은 규모가 아니라 시장에서 소비자의 선택이기 때문이다. 규모가 작아도 시장에서 소비자가 높은 값에 구매해 주면 경쟁력을 가지는 것이다. 농산물 생산을 어떻게 하여 소득을 올리고 유통과 수출 시스템을 얼마나 효율적으로 구축하느냐가 글로벌 시대 농업경쟁력의 핵심이다.

과거 농경사회에서는 농업이 국가경제의 핵심이었다. 조선시대에는 국가 기간산업으로 농업을 장려하였다. 농업생산력을 높이기 위해 토지 개간, 수리시설 확충, 종자개량, 농사기술 혁신 등에 주력하였고, 토지제도, 조세제도 등 조선시대의 경제정책도 농업을 근간으로 이루어졌다.

일제 강점기를 벗어나 해방 이후 식량이 절대적으로 부족한 1960년대에 우리 정부는 숙명적인 보릿고개를 극복하기 위해 총력을 기울였다. 생산 증대에 기초가 되는 벼 종자개량을 위해 신품종 육성에 총력을 기울인 결과, 기존 품종보다 30% 정도 생산성이 높으며 병해충에도 강한 통일벼가 개발·보급되기 시작했다.

통일벼 개발을 통해 우리나라는 세계 유례없이 짧은 기간에 식량자급을 이룩했으며 경제발전의 기초를 마련했다. 먹을거리 문제를 해결한 우리나라는 '녹색혁명'의 성공사례로 꼽히며 세계 농업계의 관심을 끌었다. 식량자급을 통해 얻어진 과실은 타부문의 발전으로 이어져 건설, 조선, 광업, 중화학 등 2차와 3차 산업 발전의 터전이 되었다.

빛이 있으면 그림자가 있듯이 고속성장의 이면에서 농업 부문이 소외되었다. 국민소득은 증대되었으나 농업과 농촌에 대한 투자는 크게 늘어나지 않았다. 생산성 향상을 위한 기술개발이나 신품종 연구, 종자 개발, 농촌 복지 등 여러 분야에서 상당한 투자와 지원이 필요함에도 불구하고 제대로 이루어지지 못했다.

도시로 향한 이농은 농업 인력 부족으로 이어졌고, 투자소홀은 안정적 생산기반 확충이나 연구개발 미비로 이어졌다. 1980년대 이후 급속한 개방화와 글로벌화는 농업 부문에 큰 충격을 가져오고 농가소득 감소와 농촌경제의 침체로 이어져 최근까지 어려운 상황이 지속되고 있다.

그러나 가능성과 희망이 있다. 미국, 영국, 프랑스 등 선진 강국이 최근 농업에서 희망을 찾기 때문이다. 선진 강국의 특징은 농업 선진국이다. 농업은 사람이 먹는 식량이나 가축사료를 생산하는 데에 한정되지 않고 기능성 식품, 의약 소재, 첨단 신소재, 고부가가치 상품 개발로 영역을 확대하고 있다. 선진국들은 농업을 신산업, 신혁명, 신성장 동력산업으로 인식하고 많은 지원을 하고 있다.

우리 농업도 땅 위에서 햇빛과 물, 공기를 이용해 곡물, 채소, 육류를 생산하는 농업에서 전환해야 한다. 농업은 생산, 유통, 소비, 수출입 과정을 거치며 정보기술(IT), 생명공학기술(BT), 나노기술(NT) 등 각종 최첨단 기술이 들어간 융복합산업이다.

재배기술은 물론 온도와 습도 조절, 환경제어, 발광다이오드(LED), 전자, 생명공학 등 최첨단 과학기술이 투입된다. 중요한 것이 인식의 전환이다. 구습을 탈피해야 한다. 농업이 희망 있는 산업으로 변모하고 있는 선진국의 현실을 직시하자. 패배주의에서 빠져나와 농업이 신성장동력으로 자리매김하는 데 경기도 농업이 앞장서기를 기대한다.

| 경인일보 2013.01.24

여기 길이 있었네

수출증대에 농업의 길이 있다

　필자가 농촌진흥청장으로 있을 때 농업과 농촌의 중요성을 강조하기 위해 각계 저명인사들로부터 글을 받아 책을 발간하면서 제목을 《여기, 길이 있었네》로 정했다. 최근 어느 정치인이 펴낸 책 제목도 《여기에 길이 있었네》로 돼 있음을 보고 항의할까 하다가 그만두었다. 우리 농업과 농촌의 향후 나아갈 길을 이야기할 때 필자는 이 책자를 주면서 "여기 길이 있다"고 강조한다.

　최근 우리나라를 방문한 대니 로드릭 하버드대 교수는 "한국은 수출 의존도가 높고 자본시장 개방이 심하기 때문에 외부변수들이 내부변수들을 압도한다"고 했다. 글로벌 시대를 맞아 개방화가 불가피하다는 이야기다. 그렇다고 대응능력이 부족하면서 무조건 개방화가 살길이라고 주장하는 것도 위험하다. 개방은 하되 우리의 살길을 찾아야 한다. 농업과 농촌을 살리는 여러 방안 가운데 '수출 농업시대'를 열어야 한다. 20년간 30억 달러에 머물던 우리 농식품 수출 규모가 지난 5년간 두 배 이상 증가했다. 2007년 37억 달러의 수출액이 지난해 80억 달러를 넘어섰고, 이제 100억 달러 고지를 눈앞에 두고 있다. 수출농업을 중점적으로 추진한 결과이다.

　(2013년) 3월 초 일본에서 열린 '도쿄식품박람회'에 다녀왔다. 이번 박람회는 70여개국 2천 600여 업체가 참가했다. 내방객도 7만 2천명에 이르렀다. 전 세계에서 활동 중인 유력 바이어도 대거 참가하므로 다양한 구매자 욕구나 식품 트렌드를 파악할 수 있었다. 우리나라는 신선 농

산물, 김치, 인삼, 차류, 주류, 장류, 수산물 등 여러 농식품을 홍보한 결과, 수출상담 실적이 1억 7천만 달러에 이르렀다. 지난해 우리 농식품의 대일 수출액은 24억 달러로 전체 수출액의 30%를 차지한다. 수출품목도 다양하다. 김치는 기내식이나 레스토랑, 호텔 등 고급 수요처가 증가하고 있고 김치스낵, 즉석김치, 김치 수프 등 다양한 메뉴가 개발되어 인기가 매우 높다. 일본에 없는 과일스낵 밤칩, 건강에 좋은 점을 부각시킨 귤피차, 옥수수 수염차도 반응이 매우 좋아 수출상담이 활발히 이뤄졌다. 쌀국수, 김스낵, 반건시 등도 차별화된 맛과 품질로 바이어들의 호평을 받았다.

우리 농식품을 본격적으로 세계시장에 진출시키고 세계인의 입맛에 맞추기 위해서는 품질향상, 디자인 및 포장개선 등 해야 할 일이 많다. 특히 한류열풍을 접목시키면 농식품 수출은 날개를 달 수 있다. 식품수출을 증대시키고 현지 소비자들의 인기를 끌기 위해서는 식품시장의 변화하는 트렌드를 잘 읽어야 한다.

올해 박람회의 세 가지 주요 주제는 '여성' '건강' '소포장'이었다. 건강과 소포장 콘셉트는 고령화 사회, 1인 가구 증가 등으로 세계적인 식품 트렌드를 형성하고 있다. 미혼여성이 많아져 도시화, 핵가족화 등으로 여성의 마음을 사로잡는 상품 개발과 감성마케팅도 필요하다. 최근 한·일 간의 불편한 외교관계가 한국산 농식품 소비나 한류열풍에 부정적인 영향을 준다고 교포상인이 주장한다. 외교와 경제를 다른 각도에서 대응하자는 이야기가 힘을 얻고 있다.

농식품 수출증대는 우리 농업부문의 당면과제이고 나아갈 길이다. 농식품 수출이 100억 달러를 넘어서면 국내 농산물 수급불안이나 가격불

안정도 상당히 해소할 수 있다. 농업정책, 농업금융, 농산물 유통, 농업인 인식 등 농업분야의 패러다임도 바뀔 것이다. 경북도는 흑마늘, 막걸리, 조미오징어 등 많은 수출유망품목을 가지고 있으며, 이번 박람회에서 수출증대 가능성을 확인했다. 지리적으로도 대일 수출에 유리한 조건을 갖추고 있다. 머리를 맞대어 노력하면 넓고 큰 시장을 확보할 수 있다. 1천 230억 달러의 일본시장은 물론 1천 700억 달러의 중국시장도 가까이 다가온다. 농식품 수출증대로 글로벌화의 이점을 살리고 지역경제를 활성화하자. 여기에 우리 농업의 길이 있다. | 영남일보 2013.03.22

국민농업 시대를 열자

농업이 국가 성장동력이라는 인식 가져야

미국의 제16대 대통령인 에이브러햄 링컨은 '국민의, 국민에 의한, 국민을 위한 정부'가 민주정부라고 강조했다. 그는 취임 이듬해인 지난 1862년 농무부를 창설하면서 명칭을 국민의 부처(People's Department)라고 했다. 농업이 전 국민을 위한 산업이며 농무부가 전체 국민을 위해 일하라는 뜻이 담겨 있다. 농업을 중시하는 미국 정부의 인식이 잘 드러난다. 미국 역사학자 존 셀레버크는 "미국 헌법의 첫 문장이 We the people로 시작하며, 이때의 people은 농민을 의미한다"고 주장하기도 한다.

농업을 중시하는 역사적 인식을 토대로 연구개발을 강화하고 각종 지원정책을 추진한 결과, 미국은 세계 최고의 농업 강국이 됐다. 미국의 지난해 농산물 수출액은 1363억 달러, 수입액은 989억 달러에 이른다.

세계 최강국인 미국과 우리나라가 자유무역협정(FTA)을 맺었다. 한미 FTA를 통해 전체 국내총생산(GDP)이 5.66% 증가하고 일자리가 35만개 늘어나는 등 많은 경제적 효과가 기대된다. 다만 농업 분야는 값싼 미국 농산물의 수입 증대로 연간 약 8100억 원의 피해가 우려된다.

그러나 농업 분야도 비전이 있다. 한미 FTA로 우리 농식품의 미국 수출은 증대될 것으로 기대된다. 우리 농산물 1065개 품목의 관세가 즉시 철폐되고 나머지도 5년 안에 없어진다.

관세가 없어지면 우리 농식품의 미국 내 소비자가격이 낮아지고 한식 소비도 촉진되며 통관도 빨라질 것이다. 지난해 우리나라 농식품의 미국 수출액은 6억 달러였다. 건강과 안전을 중시하는 미국인 소비패턴에 알맞게 깨끗하고 안전한 우리 농식품을 미국 시장에 더 많이 진출시키면 새로운 희망을 줄 수 있다.

최근 농업은 사람들이 먹는 식량이나 가축사료를 생산하는 단순한 1차 산업이 아니다. 생산·가공·유통·소비·수출입·관광·생태·생명공학 등 1,2,3차 산업이 융·복합된 최첨단 산업으로 발전하고 있다. 버락 오바마 미국 대통령이 발광다이오드(LED) 활용기술과 축산분뇨 처리기술을 미국 경제를 이끌어갈 핵심 기술로 강조한 바 있다. 니콜라 사르코지 프랑스 대통령은 "농업은 나노공학, 우주산업처럼 미래를 여는 열쇠"라고 했다. 일본 정부도 "농업이 일본을 구한다"는 기치 아래 농업을 첨단기술 등과 연계한 새로운 일자리 창출 산업으로 보고 있다.

농업을 미래의 성장동력 산업으로 인식하고 중점 육성하는 것이 선진국 추세다. FTA 피해에 대해 우려만 하지 말고 우리도 농업을 국가 성장동력 산업으로 육성하는 '국민농업' 시대를 열어가자.

| 서울경제 2012.04.05

다시 보는 농업인의 날, 11월 11일

국민 모두가 농업의 소중함 다시 깨닫는 계기로

(2010년) 11월 11일은 주요 20개국(G20) 정상회의가 서울에서 열려 대한민국의 위상을 전 세계에 알리는 역사적인 날이다. 이 날은 열다섯 번째 맞는 '농업인의 날'이기도 하다. 농업인의 날은 농업과 농촌의 가치를 널리 알리고 농업인의 긍지와 자부심을 고취하기 위해 1996년부터 정부기념일로 제정되었다. 숫자 11의 십(十)과 일(一)을 합하면 농업과 생명의 근원인 흙(土)이 되며, 11월 11일은 '土월 土일'이 된다.

우리 역사가 농업 발전과정이고 우리 민족의 기쁨과 슬픔이 농업인의 삶에 녹아 있다. 세계 유례없이 짧은 시간에 식량증산에 성공한 한국 농업의 성공 스토리를 배우고자 개발도상국이 줄을 서고 있다. 그럼에도 불구 농민의 마음은 허전하다. 쌀값이 기대에 못 미치고 기상재해, 병충해 등으로 농사짓는게 힘들고 고달프기 때문이다. '보릿고개'를 극복하고 나니 또 다른 '눈물고개'가 기다리고 있다고 한탄한다.

그러나 우리 농업은 결코 좌절하지 않을 것이다. 반드시 활력을 찾아 세계 속에 우뚝설 자신이 있다. 농업의 개념과 역할이 달라져 고부가가치 신(新)산업으로 대두되기 때문이다. 식량을 생산하는 1차 산업에서 2차, 3차 산업, 나아가 6차 산업으로 변모된다. 땅 위에서 물과 햇빛으로 농작물을 생산하는 전통 농업은 이제 먼 옛날 이야기다. 농산물 가공·유통·저장·소비·수출입으로 농업의 범위가 나날이 확대된다.

정보기술(IT), 생명공학기술(BT), 나노기술(NT)이 농업 분야에 응용되고, 농작물을 소재로 기능성식품, 의약품, 고부가가치 신소재가 다양하게 만들어진다. 수직형농장, 도시농업, 첨단농업, 생명농업으로 발전해 가는 농업은 경제성장과 고용창출을 선도해 가고 있다.

가까이 다가온 식량위기를 극복하기 위해서 농업을 꼭 지켜야 한다. 기후변화와 식량위기가 세계 어느 나라보다 우리나라에 큰 영향을 미친다. 올해도 기승을 부린 기상이변은 장래의 위기가 아닌 당면한 위험이요 해결과제이다. 다행히 쌀의 안정적 생산으로 우리는 먹는 문제는 걱정하지 않아 다행이다. 눈을 들어 아시아나 아프리카 등의 다른 나라를 보자. 기아인구가 지난해 10억 명을 넘어섰고 하루에 굶어 죽는 사람의 숫자가 2만 5000명에 이르는 비극적 상황이 벌어지고 있다. 기아 극복을 위한 선진국의 지도력과 솔선수범, 세계 각국의 동참이 어느 때보다 절실한 시점이다.

미래 경쟁력인 문화적 우월성을 가지기 위해서 농업이 살아야 한다. 된장찌개나 김치와 비빔밥을 어머니의 손맛으로, 때로는 고향의 맛으로 간직하고 있는 것은 식문화가 바뀌기 어렵다는 것을 나타낸다. 'Agri'와 'Culture'가 합쳐진 '농업'이 쉽게 변하지 않는다는 특성을 가지나, 우리 농업 부문도 변신을 위해 몸부림치고 있다.

유난히 기상이변과 병해충, 가축질병 피해가 많았던 올해도 농업인들이 열심히 일했다. 풍성한 수확을 가져온 11월이다. 농업인의 날인 11월 11일을 맞이하여 농업인과 도시민 등 국민 모두가 농업과 농촌의 소중함을 깨닫자. 제15회 농업인의 날을 맞아 농업인들의 노고에 다시 한 번 감사드린다. | 내일신문 2010.11.11

농민과 경찰이 함께 만든 새로운 역사

농업 갈등도 대결이 아니라 상생과 소통의 정신으로 풀어야

5월은 흔히들 계절의 여왕, 희망의 달이라고 부른다. 시인 노천명은 푸른 오월에서 "라일락 숲에, 내 젊은 꿈이 나비처럼 앉는 오후, 계절의 여왕 오월의 푸른 여신 앞에, 내가 웬일로 무색하고 외롭구나."라고 노래하였다. 봄의 정기를 가득 담은 물오른 나뭇가지에서 갓 피어난 나뭇잎이 오월의 화창한 햇빛을 받으면서 싱싱한 젊음의 푸른색을 온 세상에 가득 뿌리는 오월은 젊음과 희망을 상징한다.

대학가에서 축제의 찬가가 한창 울려 퍼질 때, 또 다른 희망의 축가가 경찰악대의 반주를 등에 업고 서울의 한복판에서 힘차게 울려 퍼졌다.(2010년 5월) 농민과 경찰이 한자리에서 만나 두 손을 굳게 맞잡은 것이다. 농민과 경찰이 밀고 밀치는 시위장에서 만난 것이 아니라 농민들의 대표적인 단체인 농민연합 회원들이 생산한 농산물을 서울시경의 가족들이 사주는 훈훈한 정을 나누는 축제의 장에서 만난 것이다.

이번 축제의 장은 행사 그 자체도 중요하지만, FTA 등 농정현안에 대한 정부와 이해 당사자 간의 충돌을 미연에 방지할 수 있는 농민과 정부(경찰)간의 신뢰와 유대를 확인하는 기회가 마련되었다는 점에서 더 큰 의미가 있다.

우리나라의 대표적인 민중운동은 역사적으로 1893년 동학 지도자들과 농민들이 주축이 되어 일어난 동학농민운동이라고 볼 수 있으며, 이와 같은 의미에서 볼 때 농민연합, 농촌진흥청, 서울경찰청이 공동 개최한 '서울시민과 함께하는 푸른농촌 희망찾기 안전농산물 홍보전'은 우리나라 현대사에 새로운 이정표를 세운 날로 기억될 것이다.

축사에 나선 강기갑 민노당대표도 이날 행사를 두고 '역사적인 날'이라고 의미를 부여하였으며, '경찰은 적이 아니다'라고 선언하여 참석자들의 웃음과 박수를 이끌어 내어 분위기를 한껏 돋구었다.

이번 행사의 분위기는 생산자를 대표하는 농민연합의 윤요근 대표가 '어려움을 겪고 있는 농민과 농촌에 뜨거운 애정을 호소'하고, 소비자로서의 서울시경 조현오청장이 '경찰이 앞장서서 농도상생에 적극 노력하겠다.'라고 화답하면서 최고조에 달했다.

더불어 농민연합-농촌진흥청-서울지방경찰청 간의 '안전농산물 생산, 기술개발, 홍보·소비 협약식'이 있었으며 이번 협약식을 통하여 공동주최 단체간 지속적인 유대관계 강화와 우리나라 농업·농촌에 대한 이해와 관심도를 높여 나갈 수 있는 좋은 계기가 되었다.

농촌문제는 정책의 힘만으로 해결 할 수 없는 문제인 만큼, 정부기관, 기업체, 사회단체가 앞장서서 나눔과 소통을 통하여 상생과 화합의 장이 되어야 할 것이다.

이번 행사를 계기로 푸른농촌 희망찾기 운동의 기본 이념인 자생, 상생, 공생을 바탕으로 G20 정상회담을 개최하는 의장국으로서의 국격에 맞는 시민의식을 높여 나가야겠다.

아울러 다양한 이해당사자 상호간의 신뢰와 유대를 다져 사회적으로 만연하고 있는 과격 시위문화를 다시 생각해 보는 계기가 되었으면 하는 기대를 가져본다. | 경우신문 2010.05.20

우리 사회의 원형 농촌문화

농촌 전통문화 보존은 국격을 높이는 길

문화는 21세기의 키워드이자 상품화의 핵심요소이며 국가경쟁력의 기초가 된다. 문화(culture)란 말의 어원은 라틴어의 cultura에서 파생한 culture를 번역한 말로 본래의 뜻은 경작(耕作)이나 재배(栽培)를 의미하는 영어의 cultivate의 의미도 있다.

국제연합교육과학문화기구(UNESCO)는 "문화는 한 사회 또는 사회적 집단에서 나타나는 예술, 문학, 생활양식, 더부살이, 가치관, 전통, 신념 등의 독특한 정신적, 물질적, 지적 특징"으로 정의하고 있다. 최근 우리 주변에는 문화 내지 문화 마인드에 대한 인식이 높아지고, 일상의 다양한 모습들에 '문화'란 이름을 붙이는데 주저하지 않는다. 지역, 연령, 계층, 성별, 취미 등 여러 기준에 따라 '농촌문화', '청소년문화', '서민문화', '미시문화', '스포츠문화' 등 다양한 문화라는 수식어를 붙여 우리 생활을 표현하기도 한다.

강원도 춘천 둔일농촌건강장수마을의 정지환 어르신(89)께서는 80여 년 전에 직접 지었으나 방치했던 집을 깨끗하게 보수해 '녹색농가박물관'으로 꾸며 사용하던 농경생활 유물 80여 점을 전시·관리하고 있다. 이런 마을이 한두 군데가 아니다. 우리 농촌에는 고을마다 고택과 아름다운 자연경관이 즐비하며, 값진 문화유적과 유물, 볼거리가 널려 있다. 어머니의 품과 같은 고향의 정취나 후한 인심도 농촌의 깨끗한 환경, 강, 촌락에 못지않게 고귀한 문화자산이다. 농촌의 문화자산은 풍속과 음식, 환경과 역사를 아우르는 살아 숨쉬던 종합예술이다.

우리 문화의 원형은 재배와 경작이라는 농업 활동에서 시작했고, 농촌의 자연과 어울려서 생활의 지혜로 발전했다. 너른 대청과 개울 앞 공동 빨래터 등 삶의 곳곳에 스며 있는 농촌 생활문화는 각박한 현대생활의 지혜를 제공한다. 자연과 공생하는 생활방식은 현대과학 발전의 기초가 되기도 하고 우리 삶의 양식을 제공했다. 이러한 마을마다 담겨진 역사나 숨은 이야기가 있는 농경생활 유물을 발굴하고 보전해야 한다.

농촌 생활문화의 중요성에도 우리 문화의 원형인 농경 생활문화의 많은 부분이 사라지고 있다. 토양과 기후에 따라 과학적으로 발전해 온 농경문화가 사라지거나 함께 어울려 흥겨워하던 공동체 문화가 잊혀져간다. 조상의 탁월한 지혜와 숨결이 실용적으로 살아 움직이는 대상이 바로 '농촌문화'였다는 사실을 망각해서는 안 된다. 지금이라도 우리 역사상 가장 보편적인 사람들의 삶과 문화인 농촌 전통문화의 소중함을 바로 알아야 한다.

농촌지역은 아직도 우리 문화의 원형들이 남아 있는 마지막 문화의 보고(寶庫)이다. '농촌 전통문화자원 발굴 및 보전 캠페인'을 통해 자긍심을 높이고 국격을 높여야 한다. 농업정책에도 문화적 시각을 접목해야 지역 경제가 살고 농업 경쟁력도 높아질 수 있다. 문화의 시대를 맞아 전통문화, 특히 농경문화의 중요성을 새로이 인식하고 영역을 넓혀 나가는데 이 캠페인이 크게 기여할 것이다. 문화 민족이라는 자부심을 갖고 사라져가는 농촌문화자원의 가치를 재인식하는데 농업인은 물론, 국민 모두의 적극적인 참여를 부탁드린다. | 아시아경제 2010.05.13

Chapter

3

푸른농촌에서
희망을찾자

희망있는
신 농업시대

생산부터 수출입까지 효율적인 시스템 갖추면 글로벌 농업 경쟁력 갖는다

"내가 지구 160바퀴를 돌면서 볼 것 다 보고 먹을 것 다 먹어보고 내린 결론은 아주 명료하다. 우리 농업은 축복받았다. 충분히 해볼 만하다." 정보기술(IT) 분야에서 세계적 신화를 이룩한 국내 저명인사의 말이다. 그는 농업을 제3의 IT라고 하면서 IT 기술개발로 농업을 살려야 한다고 강조한다.

우리 농업에 대해 부정적인 견해도 많다. '좁은 국토이고 규모가 작아 경쟁력이 없다', '생산성이 떨어지고 농가 인구도 300만 명에 불과하며 국내총생산(GDP) 비중도 떨어진다'고 비판한다. 그러나 필자의 경험과 선진 강국의 농업현장을 보면서 느낀 소감은 '희망이 있다'는 것이다. 사계절 변화가 뚜렷하고 지역마다 독특한 문화가 있으며 경지나 도로정비, 인터넷 환경 등 좋은 기반이 갖춰져 있다. 수많은 인력과 조직과 재원이 농업 부문에 투입되고 있다.

농업경쟁력의 핵심은 규모가 아니라 시장에서의 소비자 선택이다. 규모가 작아도 시장에서 소비자가 높은 값에 구매해 주면 경쟁력을 가지는 것이다. 따라서 농산물 생산과 유통과 수출을 얼마나 효율적으로 구축하는 시스템을 갖추느냐가 글로벌 시대 농업경쟁력의 핵심이다. '가능성이 있다'는 관점에서 우리 농업과 농촌을 보면 전국 농산물이 수출상품이고 무궁무진한 가능성이 보인다. 지난주 한국농수산식품유통공사(aT)는 우리 농업의 수출산업화를 위해 경기도와 업무협약(MOU)을 체결했다. "농업도 세계 1등이 될 수 있습니다. 30년 역사 밖에 안 되는 반도체, 조선도 세계 1등인데, 5000년 역사를 가진 우리나라 농업이 세계 1등을 못할 이유가 없습니다." 김문수 경기도지사의 말이다.

지난해 우리는 77억 달러의 농식품을 수출했고 올해 수출목표는 100억 달러이다. 농식품 수출 100억 달러 시대를 열면 농산물 생산·유통·소비·수출입 등 전반에 걸쳐 우리 농업의 패러다임이 바뀔 것이고 세계 일류 농업시대를 열어갈 수 있다.

세계 일류 농업을 만들어나가기 위해서는 기술개발과 전문인력 양성, 그리고 자신감을 갖춰야 한다. 기술개발과 전문인력의 중요성은 더 강조할 필요가 없다. 가장 중요한 것이 자신감이다. 자신감은 희망에서 나온다. 중세의 시인 단테는 "지옥은 희망이 끊어진 곳"이라고 했다. 생산도 중요하고 유통도 중요하나 농촌에 가장 필요한 것은 희망이다. 필자는 농촌진흥청장 재임시 '푸른 농촌 희망찾기' 운동을 추진하면서 우리 농촌에 가장 중요한 것이 희망이라고 강조했다. 희망의 토대 위에서 우리 농업의 미래를 내다보면 국민에게 행복을 주는 신(新)농업 시대가 열릴 것이다. | 서울경제 2012.04.12

스마일 농어촌 운동

자율적인 '뉴 새마을운동'으로 키워나가야

정부는 1970년대 새마을운동과 같은 농촌 살리기 운동을 '스마일 농어촌 운동'이라고 이름 짓고 역점적으로 추진하고자 한다. 스마일 농어촌 운동은 과거 새마을운동과 다소 유사하나, 추진 주체와 방법 및 사업 내용에 있어 과거와 근본적으로 다르다.

첫째, 스마일 농어촌 운동은 자율·창의·상생의 시대적 가치를 핵심적으로 추진할 것이다. 농어민도 정부에 의존했던 과거 타성을 과감히 벗어버리고 스스로 살아가는 자율 정신을 고취해 나가야 한다. 자율 정신을 바탕으로 스마일 농어촌 운동은 농어민의 창의와 상생을 통해 잘 사는 농어촌, 행복한 농어촌을 만들어 나갈 것이다.

둘째, 스마일 농어촌 운동은 캠페인 위주에서 벗어나 농어촌 잠재력을 개발하기 위해 다양한 실천 과제를 추진할 것이다. 특색있는 마을을 만들어 농어촌에 활력을 불어넣고 마을 특성을 살린 1만 개의 색깔 있는 마을을 만들 것이다. 그 색깔은 지역의 특산물일 수도 있고 마을 경관이나 전통문화, 지역 축제, 음식, 체험·관광 등 다양하지만 그 지역 고유의 색깔을 입힐 것이다.

정부 주도로 운동이 추진된 과거와 달리 이번 운동에서는 지역사회의 혁신을 주도할 농어촌 정예인력 10만 명이 핵심 주체가 될 것이다. 최근 마을 리더를 중심으로 지역 활력을 증진시킨 사례가 증가하고 있다. 강원 평창의 '그린투어사업', 충남 청양의 '알프스마을'이 조성되기까지는 열정적인 마을 리더가 있었다. 10만 명의 핵심 주체 양성을 위한 맞춤형 단계별 교육도 이뤄질 계획이다.

셋째, 스마일 농어촌 운동은 도시민의 참여 촉진을 위해 다양한 재능 기부운동을 병행할 것이다. 음악치료, 놀이미술 등 100만 재능기부자 확보를 위한 재능 뱅크, 농어촌 체험마을, 1사1촌운동 등 도·농간 연대 활성화 계획도 추진할 것이다. 시·군 단위별 맞춤형 현장 포럼을 구성하고 다양한 전문가, 공무원 및 지역 대학을 참여시킬 것이다. 마을 주민들이 스스로 마을 발전 과제를 고민하고 실천할 수 있도록 할 것이다.

넷째, 스마일 농어촌 운동은 글로벌 시대를 맞아 국격을 높일 수 있도록 해외 개발과 지원도 추진할 것이다. 아시아·아프리카·중남미의 개발 도상국들에서 한국을 찾아 새마을운동의 경험을 배우고 간 외국인만 74개국 5만여 명에 이른다. 과거 새마을운동의 성공 전례를 발판 삼아 21세기에 적합한 농어촌 발전 전략을 세워 세계 속에 뿌리내리게 할 것이다.

최근 선진국은 농업 중심의 생산성 증대 정책에서 농촌 중심의 공간 정책에 중점을 두는 등 농어촌 활력 창출을 위한 정책 방향을 전환하고 있다. 미국의 농촌생활운동, 영국의 농촌 실천 프로그램, 그리고 일본의 지역진흥운동이 대표적 사례다. 농어민이 자생적으로 마을의 문제점을 인식하고 실천 과제를 발굴해 실천해 나가는 지역 가꾸기 운동이라는 점이다. 스마일 농어촌 운동으로 제2의 새마을운동, 뉴 새마을운동을 재점화해 도시민과 함께하는 새로운 국민운동으로 발전시켜 나가는 데 국민 모두의 협조를 기대한다. | 문화일보 2011.05.02

다랑논과 비탈밭의 이유 있는 변신

영농여건불리농지 활용으로 농민과 도시민에게 새로운 활력을

다랑논과 비탈밭. 과거 우리 농촌의 상징이었고 고달픈 농사로 삶을 살아온 이 땅의 농민들 애환이 어린 논과 밭이다. 그런 다랑논과 비탈밭 하면 떠오르는 눈에 익은 장면 몇 가지.

한우 100마리를 키우는 김씨(49)는 친환경 축산에 관심이 많다. 소를 건강하게 하는 조사료가 많이 필요하다. 그가 가지고 있는 7000㎡ 규모의 밭에 수단그라스, 옥수수 같은 조사료를 재배하지만 턱없이 부족하다. 옆에 있는 묵은 밭을 빌려 조사료를 재배하고 싶지만 빌릴 수가 없어 안타깝다. 농지법 등 관련 법령 위반 때문이다.

농촌 출신으로 직장생활 20년이 넘은 박씨(52)의 꿈은 귀촌이다. 퇴직까지는 아직 몇 년 남아 있지만 퇴직하면 농촌으로 내려가 전원주택을 짓고 텃밭을 일구며 살 생각이다. 미리 이곳저곳 물색을 해보는데, 농지를 확보하는 것이 문제다. 미리 농지를 확보하지 못하면 정작 귀촌할 때에는 농지 가격이 엄청 오르지 않을까 걱정이다.

이제 이런 문제를 해결할 수 있는 길이 있다. 다랑논과 비탈밭의 이용을 자유롭게 하도록 한 것이다. 비탈밭과 다랑논처럼 농사짓는 데 불리하고 생산성이 낮은 '영농여건불리 농지'의 소유와 임대가 자유롭게 허용된다. 농지의 효율적 이용을 위해 소유 제한의 예외를 허용한 것이다. 다시 말해 '영농여건불리농지'는 자기 책임으로 경작하지 않더라도 취득해 소유할 수 있고 임대도 자유롭게 할 수 있다.

영농여건불리농지는 다음과 같은 몇 가지 조건을 충족해야 한다. 우선 읍·면 지역에 있는 농업진흥지역 밖의 농지로 평균 경사율이 15% 이상이고 농지가 모여 있는 집단화 규모가 2만㎡ 미만이어야 한다. 농업용수나 농로 등 농업생산 기반시설이 정비되지 않아 농기계 이용이나 접근이 어렵고 영농작업이 불편해 생산성이 낮은 농지를 자유롭게 활용할 수 있는 길을 연 것이다.

이런 영농여건불리농지는 고령화 된 농업인이 경작하기 어려운 데다 임대도 금지되어 있어서 불가피하게 경작을 포기하는 사람이 많았고, 그 결과 유휴지가 늘어나는 실정이었다. 농지를 팔려고 해도 사는 사람이 없어 잘 팔리지도 않았다. 비농업인이 이런 농지를 구입하고 싶어도 관련 법령상 직접 농사를 지어야 하니 어려움이 많았다.

이제 다랑논과 비탈밭이 영농여건불리농지로 변신하게 되면 이런 문제는 대부분 해소될 전망이다. 그동안 매매가 어려웠던 비탈밭과 다랑논의 거래가 활성화되어 농지 유동화를 촉진하게 된다. 이는 농어촌지역 경제 활성화로 이어지고, 도시민의 귀농·귀촌도 촉진되어 농어촌 공간이 국민의 생활공간으로 변모될 것이다.

또 하나 장점은 대형 농기계를 가진 전업농이 영농여건불리농지를 임차해 특용작물이나 조사료 생산단지 등 대규모로 농지를 이용할 수 있다는 것이다. 귀농을 희망하는 도시민도 사전에 필요한 농지를 매입할수 있다. 귀농 성공의 필수조건인 사전 준비를 할 수 있다는 것이다. 준비 단계부터 지역에 맞는 작목을 선택하거나 영농계획을 미리 수립할수 있어 도시민의 귀농에 크게 도움이 된다.

영농여건불리농지를 전용하는 것은 허가사항이 아니며 해당 행정관

청에 신고만 하면 된다. 지난 11월 5일 경기도 남양주시를 비롯한 21개 시·군에서 영농여건불리농지를 지정하고 그 내용을 고시했다. 연말까지는 나머지 시·군도 지정 고시를 끝낼 예정이다. 토지이용계획 확인서를 떼어 보거나 토지이용규제 정보시스템(luris.mltm.go.kr)에 접속하면 필지별로 확인할 수 있게 된다. 영농여건불리농지는 약 12만㏊(1200㎢) 내외가 될 것으로 예상된다. 이는 전체 농지의 약 7%로 서울시 면적의 2배 정도다. 다랑논과 비탈밭의 이유 있는 변신은 농촌과 도시민에게 새로운 활력을 불어넣을 것이다. | 매일경제 2010.12.03

농촌관광 민박인증제 도입 서둘러야

세계인이 찾는 살맛나는 농촌 마을로 거듭나게 해야

경제협력개발기구(OECD) 회원국은 오래전부터 국가의 신성장동력 원으로 농업과 농촌이 지닌 쾌적성과 문화적 감수성을 결합한 농촌관광의 경쟁력 확보에 많은 노력을 기울였다. 최근에는 이웃 일본의 유명 경제저널에서도 일본의 성장잠재력을 농업과 관광에서 찾아야 한다고 특집을 통해 강조했다.

우리나라에서도 국민소득 증대에 따른 여가생활 문화의 정착과 농외소득 증대를 목적으로 중앙정부와 지방자치단체가 2002년부터 정책적으로 육성한 농촌관광마을이 1000여 곳에 이른다. 이들 마을에서 농가민박을 운영하는 곳은 4400가구, 민박 방 수는 1만 5000여 개이다. 100여 년의 농촌관광 역사를 가진 영국이 1200가구, 프랑스가 2만 가구, 독일이 1만 4000가구, 오스트리아가 3400여 가구인 것과 비교할 때 매우 빠른 성장이라고 볼 수 있다.

농촌진흥청이 올해(2009년) 전국 7대 도시 성인남녀 2000명을 대상으로 조사한 결과 2003년부터 1위를 달리던 강원도를 제치고 올해에는 경북지역 방문율이 20.1%로 가장 높고 다음은 강원(14.7%) 경남(14.0%) 전남(13.7%) 충남(11.5%) 경기(8.3%) 충북(8.3%) 순으로 나타났다. 또한 2006년에 서울 거주민의 8.2%가 경기지역을 방문했는데 올해는 16.3%로 증가했다. 경북의 방문율이 증가한 이유는 지자체가 '경북 방문의 해'를 정해 홍보를 대대적으로 하고 고속도로망 등 관광

인프라스트럭처에 적극적인 투자를 했기 때문으로 보인다.

　그러나 선진국 대부분이 실시하는 농가민박 인증제를 도입하지 않았고 숙박 여건이 개선되지 않아 당일방문객의 증가 추세에 비해 숙박방문객은 크게 늘지 않았다. 이에 따라 방문객 1인당 숙박비용이 2003년에 1만 5000원에서 2009년에는 8800원으로 떨어졌다. 농가 민박이 고품격 관광으로 자리매김하지 못하고 농촌지역에 우후죽순처럼 늘어나는 펜션에 밀려 가격 경쟁력을 잃고 있음을 시사한다.

　우리에게 희망의 메시지를 보내주는 점은 농촌관광이 농특산물 직거래 활성화에 크게 기여한다는 사실이다. 이번 조사 결과 방문객 10명 중 4명꼴로 농산물을 구입했다. 방문객당 1만 700원의 농산물을 구입했는데 2003년에 비해 구입비율은 2배, 구입액은 3.5배 증가했다. 그러나 지자체의 노력만으로는 농촌관광의 지속적인 수요 창출에 한계가 있다.

　농촌관광이 선진국과 같이 발전하려면 시급히 해결할 과제가 있다. 첫째, 농촌마을의 주변 환경을 깨끗이 정비하여 방문객이 편안하게 쉬도록 마을의 매력 포인트를 보전해야 한다. 둘째, 다른 지역과 차별성 있는 직거래 상품을 개발해야 한다. 셋째, 숙박시설의 청결을 유지하고 소비자가 안심하고 예약할 수 있는 농가민박 품질인증제를 하루빨리 도입해야 한다. 넷째, 관광마을에 가족 단위 방문객이 함께 즐길 농촌다운 놀이시설을 갖춰야 한다. 조상의 혼과 가치로 유지한 농촌을 지역민의 자긍심과 의지가 담긴 푸른 공간으로 만들어 세계인이 즐겨 찾는 살맛나는 농촌으로 거듭나기를 기대한다. | 동아일보 2009.08.18

푸른 농촌에서
희망을 찾자

공생과 자립정신 구현할 친환경 농촌 만들기 운동

농촌진흥청에서 '푸른 농촌 희망찾기 운동'을 추진하고 있다. 이 운동은 크게 세 가지 과제를 역점적으로 추진한다. 첫째, 소비자가 신뢰하는 안전한 농산물 생산하기 운동이다. 둘째는 깨끗한 농촌 만들기이다. 셋째, 농업인의 의식 선진화 운동이다. 이제 농업인도 지역 농업과 농촌 문제를 스스로 해결할 수 있는 자립 의지와 역량을 키워나가기 위한 것이다. 농촌진흥청이 '푸른 농촌 희망찾기' 운동을 펼치는 것은 최근 우리 농업과 농촌에 새로운 희망이 보이기 때문이다.

저탄소 녹색성장의 국가 전략은 농업 부문에 새로운 비전을 제시하고 있다. 농업에 정보기술(IT)과 생명공학기술(BT), 나노기술(NT)을 융합하여 부가가치 높은 새로운 물질이나 신소재를 만들어낸다. 감귤쌀, 벌침을 이용한 채집기, 과채류의 접목 로봇, 실크로 만든 인공뼈와 인공고막, 장기대체 무균돼지, 컬러 누에 등 농업 분야의 새로운 변화는 실로 엄청나다.

발광다이오드(LED)를 이용하여 농작물의 수확 시기와 개화 시기를 조절하고 도심에서도 농사를 짓는 빌딩형 식물 공장도 나타난다. 전통 농업기술과 지식을 활용한 생명환경 농법도 크게 늘어난다. 친환경 볏짚 주택을 만들고 볏단으로 벽을 만든다.

지붕에 잔디를 심어 단열이나 보온을 하고 지붕에서는 풍력 발전기가 돌아가 전기를 생산한다. 전통 지식과 현대 기술이 만나서 새로운 소재를 창출해내는 생활 공감 녹색 기술이 농업과 농촌 부문에서 활발히 일어나고 있다.

그야말로 농업의 개념과 영역이 달라지면서, 재배하는 농업에서 보는 농업, 생활농업, 치료하는 농업, 공장형 농업, 고부가가치 최첨단 농업이 활발히 전개되는 희망과 비전의 농업시대가 도래하고 있는 것이다.

약육강식과 적자생존이 아닌 서로 함께 도움을 주는 공생의 전략이 농업 부문에서 절실히 필요하다. 우리나라만 살고 다른 나라가 망해서도 안 된다. 세계는 한지붕 아래 사는 지구촌 공동체이다. 이제 공생의 이념을 구체적으로 실천하는 시대가 온 것이다.

농촌진흥청은 이미 1972년부터 약 3천 명의 저개발국 농업 전문가를 초청, 새마을운동과 녹색혁명의 경험 등 기술연수를 해왔다. 올해부터는 베트남, 미얀마, 케냐, 우즈베키스탄, 파라과이, 브라질 등 6개 국가에 '해외농업기술 개발센터'를 설치, 국가별 맞춤형 기술을 개발·보급할 계획이다. 공생의 정신보다 더 중요한 것은 자립 의지이다. 우리 농업은 세계 역사상 유례없는 경제의 압축성장 과정에서 다소 어려움을 겪었다. 20세기에 우리는 새마을운동을 통하여 가난과 배고픔의 고통을 극복하였다.

경북은 새마을운동의 발상지이다. 28일 개막된 2009 울진 세계친환경농업 엑스포를 계기로 '푸른 농촌 희망찾기 운동'도 경상북도에서 가장 먼저 시작되어, 농촌과 농업이 도약하는 제2의 새마을운동이나 녹색 새마을운동으로 발전하기를 기대한다. | 매일신문 2009.07.30

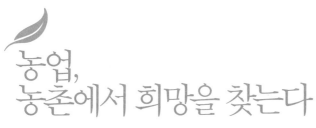

농업,
농촌에서 희망을 찾는다

농업은 1차 산업이 아니라 미래 6차 산업

생산과 고용 등 경제사정이 좋지 않아 살림살이가 어렵고 살기 힘들다고 한다. 농업 부문도 예외는 아니다. 쌀을 비롯한 농산물 생산은 증대되었으나 소득증가로 이어지지 않고 연료비와 농자재비는 크게 상승되어 농촌생활은 힘들고 고달프다. 때로는 집단행동으로 농업정책에 대해 불만을 표시하기도 한다.

생각이 바뀌면 행동이 바뀌고 행동이 바뀌면 인생이 달라진다고 한다. 우리 농업 부문이 앞장서서 생각을 바꾸어 보자. 농촌지역의 생활개선회를 중심으로 많은 여성단체나 사회단체가 앞장서서 다문화 가정, 홀몸노인 등 어려운 사람들을 돕고 있다. 농촌진흥청이 지난해부터 추진하고 있는 '푸른 농촌 희망찾기' 운동의 일환이다. 생활 주변의 작은 일에서부터 이웃돕기를 실천하고 있는 바, 운동의 효과는 사회 전반에 실핏줄 같이 스며들고 있다. 상부상조와 이웃사랑이라는 전통적인 미덕이 살아나고 자립 의지도 확산된다. 어려운 농업인이 더 어려운 소외계층을 도와주고, 스스로 노력할 때 국민들의 농민과 농업을 바라보는 인식이 바뀔 것이다.

국민의 먹을거리를 생산하는 전통적인 농업의 개념과 범위가 변하고 있다. 치료 농업, 신소재 농업, 기능성 농업, 도시 농업, 미래첨단농업, 관광농업 등 다양한 형태로 전환된다. 가장 큰 변화는 농업인 위주의 생산농업에서 소비자 중심의 소비농업으로 변신이다. 소비자 수요를 충족시키는 것이 중요하므로 물량 위주에서 품질 위주로, 건강과 기능성 위주의 맞춤형 농업을 해야 된다. 벼 품종도 양보다는 밥맛이 좋은 쌀로 변하였고, 무균포장밥 등 다양한 가공식품 시장이 커지고 있다.

최근 농업은 정보기술, 생명공학기술, 나노기술 등 최첨단 기술과 융복합을 통하여 고부가가치 성장산업으로 전환되고 있다. 누에고치 단백질을 이용하여 인공고막을 생산하였고, 이제 인공뼈 생산으로 넘어가고 있다. 도심빌딩 속에서 농업을 하는 수직농장(Vertical Farm)도 추진되고 있고, 영하 40℃의 날씨에도 견딜 수 있는 식물공장도 가동된다. 최근 농촌진흥청이 남극에 설치한 '컨테이너형 식물공장'에서는 채소를 기르고 있다. 발광다이오드(LED)와 형광등이 부착되어 있고 자동으로 온도와 습도를 조절하는 최첨단 시설이 갖추어진 식물공장이다.

아파트 옥상이나 도시빌딩 등 다양한 공간을 이용하는 도시농업도 활발하다. 가정 원예, 화분과 베란다 채소, 옥상정원 등 도시농업의 영역과 범위는 무한하다. 미래학자들은 에너지 절약과 지구온난화, 도시 정화와 도시민의 휴식처로 도시농업이 급격히 증가할 것으로 예측한다.

농업이 1차 산업이라는 고정관념을 바꾸고 가공, 유통, 소비 등 모든 단계에서 타 산업이나 첨단기술과 융복합을 하여 6차 산업으로 발전시켜야 한다. 국민의 먹을거리를 생산하는 농업은 생명산업이라고 한다. 그만큼 중요하고 농업의 영향은 국민생활 전반에 미친다. 명실공히 선진국이 되려면 농촌에서 희망을 찾는 국민농업의 시대가 되어야 한다.

| 영남일보 2010.02.06

푸 른 농 촌 희 망 찾 기 프 로 젝 트

글로벌 시대 우리 농업
이 길로 가자

창조경제의
꽃은 농업에서
핀다

| 창조경제 시대의 농업과 6차 산업 |

| 창조경제와 농업 |

| 융복합 농업시대 창조전략이 필요해 |

| 현대판 신문고 '창조마당'과 소통 |

| 한국 농업이 가야 할 제4의 길 |

창조경제 시대의 농업과 6차 산업

국민농업 시대에 맞는 정책과 인재 육성이 필요하다

국내총생산(GDP)에서 차지하는 비중을 중심으로 농업을 평가하는 것은 옛이야기다. 우리 농업의 부가가치는 국가 전체 GDP 규모의 3% 정도이다. 국민 경제에서 차지하는 비중이 얼마되지 않더라도 과학기술과 융복합하고, 창조력과 아이디어가 결합되면 매우 높은 고부가가치를 올리는 산업이 창조경제 시대의 농업이다. 세계적인 투자전문가 짐 로저스가 "농업은 향후 가장 유망하고 잠재력이 뛰어난 산업 중 하나"라고 한 말이나 버락 오바마 미국 대통령이 "농업은 도전을 겪는 동시에 막대한 경제적 기회 앞에 서 있다"고 한 말도 같은 맥락이다. 더구나 다가오는 기상이변이나 식량위기에 대비한 농업 중요성은 더 강조할 필요도 없다.

최근 농업은 농산물 생산 중심의 가치를 넘어 타부문과 연계하여 외연을 확장하고 있다. 2010년 기준 142조 원에 이르는 식품산업과의 연계가 대표적이다. 이제는 식품을 넘어 생산과 유통, 가공, 저장, 수출, 식품안전, 관광, 의료, 생태 등 전방위로 기능이 확장된다. 농업이 다양한 아이디어가 접목되고 1·2·3차 산업이 융복합되는 6차 산업으로 변모되는 것이다.

6차 산업 마인드로 농업을 성공시킨 사례는 매우 많다. 과거 사양 산업으로 간주되던 양잠(누에) 산물이 화장품, 치약, 비누를 만들어내는 데 사용될 뿐만 아니라, 인공고막이나 인공뼈 개발까지 이를 전망이다.

화산섬인 제주의 지열에너지를 활용해 감귤과 파프리카 생산에 적용한 결과, 연간 운영비의 40%가 절감되는 성과를 거두었다. 농식품 수출이 획기적으로 증대된 것도 생산을 넘어 가공, 수출로 이르는 6차 산업적 관점이 작용했다. 이러한 식품 수출증대는 생산유발 63억 달러, 고용유발 5만 명, 부가가치창출 26억 달러의 효과를 가져온다.

문제는 1차 생산 농업과 2차 식품산업의 연계가 쉽지 않다는 것이다. 식품산업은 대기업 중심으로 이루어지고 원료조달은 가격이 싼 수입농산물 위주이다. 중소기업이나 영세농가에 돌아가는 실익이 적다. 인건비는 상승하고 농촌 고령화도 심각하다.

첨단 과학과 기술을 응용한 연구개발(R&D)을 통해 생산비를 절감하고 생산성을 높여야 한다. 미국 등 선진국의 GDP중 농업 비중은 2% 내외이며 이스라엘도 2.5% 정도이다. 그러나 연구개발에 전력하여 첨단 농업기술을 개발하고 수출농업을 실천한다. 종자회사가 식물 생산성을 획기적으로 높인 첨단 종자를 개발해 수출하고, 바닷물에서 염분을 빼내는 담수화 기술과 항공기를 이용한 강수량 기술도 활용한다.

6차산업 시대의 농업은 달라져야 한다. 시야를 넓히고 영역과 범위를 확장해야 한다. 농업인만을 위한 농업이 아니라 국민농업으로 발전해야 한다.

창조경제 시대의 농업은 유전자원, 과학기술, 정보통신, 농촌자원, 아이디어를 융복합하는 국민농업 시대에 알맞은 정책을 수립하고 인재를 육성하며 국민의 마음을 열어야 한다. | 내일신문 2013. 6.20

창조경제와 농업

첨단기술이 융복합된 미래 농업의 시대에 대비해야

지난주(2013년 5월) 공사의 기업지원단을 이끌고 식초를 생산하는 지방의 중소 식품업체를 방문해 현장상담을 했다. 포도식초, 현미식초, 사과식초 등 수많은 식초 제품과 독특한 제조 노하우에 동행한 식품 전문가들이 매우 놀랐다. 특별한 방식으로 제조된 자연발효 식초는 프랑스에서 주문이 쇄도한다고 한다.

그런데 문제는 제품 판매방식이다. 식초에 관한 많은 전문지식과 노하우를 가지고 있으나 판매는 대부분 주문자상표부착생산(OEM)이나 유통업체 브랜드(PB) 형태를 취하고 있다. 그 결과, 실속은 판매망을 확보한 대규모 식품기업이 차지하는 것이다. 중소 식품기업의 생산과 판매전략, 수출시장 개척, 정부 정책 활용 등에 나름대로 전문적 컨설팅을 하였으나 판매 애로를 해결하는 일은 만만치 않음을 인식했다.

식초는 음식을 만드는 데 빼놓을 수 없는 조미료이며, 동서양을 막론하고 약품·식품 등 다양한 용도로 사용됐다. 중국 고대 의학서에도 식초의 신맛이 몸을 따뜻하게 하고 위와 간을 보양해 주면서 근육을 강화시키며 뼈를 부드럽게 한다고 했다. 그리스 의학자 히포크라테스는 다양한 질병 치료에 식초를 사용했고 사과식초를 꿀에 넣어 기침이나 감기치료에 썼다고 한다.

우리나라는 신라시대부터 식초가 사용된 것으로 추정되며 해동역사(海東繹史)에 따르면 고려시대에 음식 조리나 약용으로 다양하게 사용됐다. 최근 식초는 약용, 식용, 건강, 미용 등 180여 가지 용도로 다양하게 사용되는 고부가가치 제품이다. 특히 다이어트나 건강음료로 주목을 받고 있다. 지난해 우리나라 음료 수출액이 2억 달러를 돌파했는데 상당량이 식초 관련 제품이었다.

역사적으로 우리 농업 분야에는 창조적 아이디어와 기술개발의 성과물이 즐비하다. 과학적인 고농서(古農書), 최초의 강우량 관측기구인 측우기, 우장춘 박사가 만들어낸 씨 없는 수박, 우리 환경에 맞는 배추, 무 종자 등 수없이 많다. 창조농업의 백미는 통일벼 개발이다. 1개의 자포니카 품종과 2개의 인디카 품종을 교배시킨 3원 교배는 과거 시도되지 않던 창조적 육종방법이었다.

또 양잠산물을 이용한 화장품, 치약, 비누는 널리 사용되고 있고 조만간 인공고막이나 인공뼈 개발도 다가온다. 아프리카 케냐에서 공수해온 벌침 봉독(蜂毒)으로 젊음과 아름다움을 유지한다는 영국 찰스 왕세자 부인 카밀라 여사의 이야기도 놀라울 것이 없다. 우리도 이미 봉독으로 젖소 유방염 치료를 실시하고 있다.

정보기술(IT), 나노기술(NT), 생명공학기술(BT) 등 첨단 과학기술이 농업 분야에 응용된 지는 오래 전이다. 이제는 농업과 환경, 생태가 융·복합되고 1차, 2차, 3차 산업이 어우러진 6차 산업으로 변모된다. 미래 농업 분야는 더 무궁무진하다. 컴퓨터로 온도와 습도를 조절하는 수직형 빌딩농장, 바닷물로 농사짓는 해수농업, 대체 에너지원으로 주목받는 미세조류 등도 조만간 실용화될 것이다. 인구증대, 식량위기, 물부족, 기후변화 등 지구촌 위기에 대응하기 위해서도 이제 창조농업이 필요하다. | 서울신문 2013.05.27

융복합 농업시대 창조전략이 필요해

먹는 농업에서 벗어나 창조형 농업으로 나아가야

농업을 뜻하는 영어 agriculture는 라틴어 agri(땅)와 culture(경작, 문화)가 합쳐진 것이다. 땅을 일구는 것, 즉 농사짓는 문화가 농업이라는 뜻이다. 전통농업은 땅에 종자를 뿌리고 햇빛과 물, 공기를 이용해 곡물이나 채소 등 농작물을 생산하는 일종의 창조활동이다. 그러나 이러한 농업은 전통농업 시대, 다른 말로 농업 1.0 시대의 개념이다. 최근 농업의 개념과 영역, 범위가 엄청나게 넓어지고 있다. 농업은 생산은 물론 유통, 가공, 저장, 수출, 식품 안전 등을 포함하면서 다른 산업과의 융복합이 끊임없이 일어나는 최첨단 산업으로 변모하고 있다. 창조경제와 거리가 먼 전통농업이 과학과 기술이 융복합된 최첨단 산업으로 발전하면서 창조경제의 핵심 산업으로 대두되고 있다. 어쩌면 창조경제의 시작도 농업이요, 끝도 농업이라고 할 수 있겠다.

농업 분야에 과학기술과 창의적인 아이디어를 접목해 고부가가치를 창출하는 사례는 매우 많다. 우선, 바이오생명산업기술이 농업에 응용된다. 고령화사회에 접어들면서 건강을 강조한 맞춤형 상품이 각광받고 있다. 농작물을 소재로 한 기능성식품·의약품·신소재가 다양하게 활용되고 있다. 사양산업으로 간주되던 양잠산물이 화장품·치약·비누는 물론 인공뼈 개발까지 이를 전망이다. 1g당 가격이 금보다 비싼 종자도 즐비하다. 농업 분야와 생명공학이 융복합해 이뤄 낼 부가가치는 상상을 초월한다.

둘째, 식품시장에도 다양한 융복합이 나타나고 있다. 무선인식기술(RFID)을 이용해 농축산물 이력추적제·원산지표시제 등에 활용하고 있다. 미래식품 학자들은 세포공학기술로 육류를 생산하는 배양육(培養肉:in-vitro meat)의 상용화를 조만간 기대하고 있고 곤충이나 해조류가 20년 뒤 우리 식탁의 주메뉴가 될 것으로 예측하고 있다.

셋째, 기후변화를 고부가가치 농산업으로 응용하는 시대다. 기후변화를 위기라고 한다. 그러나 기후변화를 이용해 신품종을 개발하거나 재배방식 변화, 출하시기 조절, 병해충 방제, 어장 발굴 등 다양한 기후산업을 육성할 수 있다. 기후변화를 새로운 기회 요인으로 활용할 수 있다.

넷째, 첨단기술을 활용한 융복합 농업시대가 다가온다. INBEC 기술, 즉 정보기술(IT)·나노기술(NT)·생명공학기술(BT)·환경기술(ET)·문화기술(CT) 등은 오래전부터 농업 분야에 응용됐다. 컴퓨터로 온도와 습도를 조절하는 수직형 빌딩농장, 바닷물로 농사짓는 해수농업, 대체에너지원으로 주목받는 미세조류 등 다양한 분야에서 첨단 농업이 꽃을 피울 것이다.

창조경제 시대의 농업은 달라져야 한다. 창조농업 시대에 알맞은 정책을 수립하고 조직과 제도를 정비하는 것은 쉬운 일이 아니다. 우리 농업이 전통적인 '먹는 농업'에서 벗어나 '보는 농업' '관광농업' '의료농업' '생명농업' '신소재농업' 등으로 발전해야 미래가 있다. 창조농업으로 새로운 시대를 열어 가자. | 중앙일보 2013.05.28

현대판 신문고
'창조마당' 과 소통

전방위적 소통 강화에 힘써야

조선시대 태종은 억울한 일을 당한 백성들을 구제하기 위해 대궐 밖에 신문고를 설치했다. 백성이 억울한 일을 당하면 북을 쳐 임금에게 직접 알리는 방식, 요즘 말로 '핫라인' 인 셈이다. 그러나 북을 칠 수 있는 사안이 매우 제한적이었고, 당시의 교통여건상 한양에 거주하는 백성들만 이용할 수 있어서 활용도는 그리 높지 않았다고 한다. 사회가 자유화되고 교통이 발달했지만 21세기를 사는 현대인들도 다양한 민원을 해결하기 위한 창구가 필요하다.

한국농수산식품유통공사(aT)는 최근 서울 양재동 사옥 내에 '창조마당' 이라는 공간을 열었다. 방문하는 고객들이 공사 사업이나 지원내용, 발간자료 등을 살펴보고 업무개선에 도움이 되는 창조적인 아이디어를 그 자리에서 바로 제안할 수 있는 공간이다. 정보공유나 소통확대, 신속한 민원처리를 위해서다. 특히 정부나 공공기관이 내년이면 거의 대부분 지방으로 이전한다. 지방이전에 따른 불편 해소를 위해 원스톱 민원처리와 소통공간을 마련이 필요하다.

원스톱으로 이의를 제기하거나 농업·식품 관련 서비스를 지원하는 것은 과거 신문고를 현대식으로 개편한 '현대판 신문고' 이다. 이용자와 주제가 제한적이었던 조선시대 신문고와 달리 전방위적 소통 강화에 유용할 것으로 기대된다.

최근 공기업의 방만 경영이나 부채증가 등으로 개혁 요구가 다시 커지고 있다. 공기업들이 IMF 금융위기 등을 거치며 조직을 개편하고 업무효율성을 높이기 위해 노력을 기울여 왔으나, 아직 국민의 기대에는 미치지 못하고 있다. 지속적인 자기혁신과 반성, 실질적인 혁신이 필요하다. 공기업이 국민의 신뢰를 바탕으로 문제를 해결하기 위해서는 소통을 최우선 전략으로 삼아야 할 것이다.

공기업의 지방이전이 가시화되면서 각 기관마다 사옥 정비, 직원들의 주거문제 등으로 분주하다. 공공기관 임직원들뿐만 아니라 유관 단체나 일반 고객들도 지방이전에 관심이 크다. 지방으로 이전하면 유관 단체간 회의 참석이나 민원인들과의 소통이 어려워지는 것 아니냐고 우려하는 이들도 있다. 공공기관의 정보공개나 네트워크 구축이 더욱 강조되는 이유다. 공기업 지방이전은 지역 간 불균형을 해소하기 위해서이며 지역 균형발전은 국정의 방향이기도 하다. 만에 하나라도 공공기관을 찾는 민원인들이 혼란을 겪거나 불편한 점이 있어서는 안 된다. 지방이전에 앞서 각 기관들이 미리 예상가능한 문제점을 시뮬레이션 해보고 대비책을 세워야 한다.

노벨문학상을 수상한 문학가 조지 버나드 쇼는 "의사소통의 가장 큰 문제점은 의사가 소통되었다고 착각하는 것"이라는 말을 남겼다. 쌍방간의 의사소통이 얼마나 어려운 것인지를 잘 보여준다. 공기업들은 지방이전으로 새로운 도전을 맞이하고 있다. 자칫 정보교류나 소통의 끈이 느슨해져 민원인의 불만이 증폭될 우려가 있다. 스스로 고삐를 죄고 대국민 소통을 강화하기 위한 공기업들의 창의적인 아이디어가 필요하다.

한국 농업이 가야할
제4의 길

'국민통합 농업' 시대 열자

한국 농업이 가야 할 길은 많다. 가장 중요하고도 기본적인 길은 식량의 안정적 생산과 공급이다. 5000만 국민의 안정적 먹거리 확보는 가장 중요한 국가의 책무다. 최근 식량위기, 식품 가격 상승이 국가와 체제 전복의 빌미를 제공했던 아랍의 재스민 혁명과 폭동 사례가 잘 보여준다. 식량 증산에 관한 한 우리는 성공적인 정책 추진 경험이 있다. 1970년대 후반 통일벼 개발로 식량자급을 이루어 숙원이던 보릿고개를 극복하고 경제발전의 토대를 이루었다.

제2의 길은 창조적인 길이다. 농업생산과 가공, 저장, 유통, 수출 등의 관련 분야에 과학기술과 정보통신, 창의적인 아이디어를 융·복합해 부가가치를 높이고 성장동력을 만들어내는 '창조농업'으로 가야 한다. 농업의 6차 산업화도 같은 맥락이다. 최근 농업은 '먹는 농업'에서 벗어나 농작물과 각종 동식물 등을 이용한 신소재, 기능성 식품과 약품 등을 만들어 부가가치를 올린다.

제3의 길은 글로벌 농업이다. 개방화, 세계화는 시대적 흐름이다. 한국 농업도 선도적 수출농업으로 글로벌 시대를 넘어야 한다. 나아가 세계 속 한국 농업의 역할을 해야 한다. 2009년 이탈리아 라퀼라에서 개최된 G8 정상회의에서 버락 오바마 미국 대통령은 "식량 증산에 관한 한 한국이 세계적 성공 모델이며 이제 국제사회에서 그 역할을 해야 한다"고 강조했다. 농촌진흥청이 세계 각국에 설치한 해외농업기술센터

(KOPIA)처럼 여러 형태로 국제사회에 한국 농업의 성공모델을 전파해야 한다. 유상·무상의 각종 원조정책과 병행해 '한국형 새마을운동' 모델을 구축해야 한다. 지난해 1월 니혼게이자이신문은 한국은 자체 시장이 좁아 세계를 상대로 한 '글로벌 마인드'가 있기 때문에 강하다고 분석했다. 글로벌화는 위기이기도 하나 기회임이 분명하다.

한국 농업이 가야 할 제4의 길은 '국민통합과 치유'이다. 우리 국민은 빈부·계층·지역·이념·세대 등 많은 갈등을 겪고 있다. 경제협력개발기구(OECD) 국가 가운데 국민 행복도가 하위권에 속한다. 그래서 '힐링'이 사회적 화두로 떠오른다. 힐링농업, 치유농업은 갈등을 해소하는 데 큰 역할을 할 수 있다. 도시농업이 대표적인 예다. 도시의 자투리 땅이나 옥상, 사무실의 빈 공간에서 녹색식물을 재배하는 도시농업은 도시 미관이나 환경정화에도 도움이 되고, 공동체 의식 회복, 정서 함양에 탁월한 효과가 있다는 연구 결과가 많다. 이제 국민의 갈등을 치유하고 통합하는 데 농업이 역할을 해야 한다.

미국의 링컨 대통령은 취임 이듬해인 1862년 농무부를 창설하면서 명칭을 국민의 부처(People's Department)라고 했다. 농업이 전 국민을 위한 산업이며 농무부가 전체 국민을 위해 일하라는 뜻이 담겨 있다. 농업을 중시하는 미국 정부의 인식이 잘 드러난다. 농업을 중시하는 역사적 인식을 토대로 연구개발을 강화하고 각종 지원정책을 추진한 결과 미국은 세계 최고의 농업 강국이 되었다. 우리 농업이 이제 먹는 농업을 넘어 창조농업, 글로벌 농업으로, 그리고 나아가 국민을 치유하고 통합하는 '국민통합 농업' 시대를 열어야 한다.

개방화 시대의
우리 농업
어디로
가야 하나

세계경제와
한국 농업

농업 녹색기술 개발로 글로벌화에 대비해야

G20 정상회의, 유엔기후변화 당사국 총회, 다보스 포럼 등 세계 경제 현안이 논의되는 과정에서 농업 녹색기술이 강조되고 새로운 농업정책 방향도 제시됐다는 점을 아는 사람은 많지 않다.

기후변화가 농업 부문에 미치는 영향은 심각하다. 야간 온도가 1도 상승하면 쌀 수확량이 10% 감소하고, 지구 평균기온이 2도 상승하면 최대 40%까지 동식물이 멸종된다. 기후변화로 인한 집중호우와 이상기온, 물부족 사태는 농작물 생산 감소를 넘어 자연생태계 파괴와 인류 생존을 위협할 정도다. 그 결과 생산 증대 중심의 과거 농업 패러다임에 근본적인 변화가 필요하고 새로운 농업 녹색기술 개발이 시급하다는 데 국제적 공감대가 형성된다.

성장, 분배, 환경이 농업분야 핵심 정책 과제로 등장하고 이들 간에 조화를 추구해야 한다는 새로운 패러다임이 추진된다. 농산물 생산과 유통 과정의 석유 에너지 투입량을 감소시켜 기후변화를 억제하고 과거의 농법을 개선하며, 농업 녹색기술을 개발해 신성장동력을 창출해야 한다는 점도 강조된다. 또 사상 유례없는 고유가와 곡물 가격 상승으로 2008년에도 많은 비용을 치른 결과 대체에너지 개발이 강조되고 있고, 현재 곡물 생산과 사용 행태에 대한 재검토 요구도 높다.

빌 게이츠는 미래의 녹색혁명은 기아 극복을 위한 생산성 향상과 지속 가능성을 동시에 추구해야 하며 소농체제를 중시해야 한다고 강조한다.

농업 분야 녹색기술은 이미 광범위하게 실용화되고 있고, 타 분야와 융복합해서 고부가가치를 창출하고 있다.

네덜란드는 천적농법으로 전 세계 고품질 농산물 시장을 석권하고, 프랑스는 녹색화학(Green Chemistry) 관련 기술 개발을 역점 추진 중이며, 버락 오바마 미국 대통령은 향후 미국 경제를 이끌어갈 핵심기술로 LED 활용기술과 축산분뇨처리기술(Super Soil System)을 들고 있다. 일본의 경제재정자문회의가 지난해 향후 일본 경제를 이끌어갈 핵심 산업으로 농업과 관광을 제시한 것도 눈여겨봐야 한다.

중국은 종자산업, 생물기술, 의약산업 융복합 발전을 국가 7대 전략산업으로 채택하고 있다. 우리도 이런 추세에 맞춰 농업 녹색기술 개발에 박차를 가하고 있지만 획기적인 투자 확대와 연구 역량 강화가 어느 때보다 절실한 시점이다. 지난해 농촌진흥청에서 누에고치를 이용해 인공고막을 생산했고, 최근 감귤 부산물로 인공피부 소재를 만들어냈다. 조만간 5조 원대에 이르는 인공뼈 개발도 이루어질 예정이다.

녹색성장의 관점에서 개발도상국에 대한 지원방식 변경도 논의된다. 담비사 모요(Moyo) 박사는 일방적으로 퍼주는 '죽은 원조'(dead aid)는 안 되며, '고기 잡는 방법'을 알려주는 새로운 지원 방식이 필요하다고 주장한다. 식량 원조의 구조적 비효율을 제거하고 장거리 수송으로 인한 탄소에너지 소비를 줄이기 위해서다. '기술이 세계를 지배한다'는 말처럼 농업 녹색기술을 획기적으로 개발해 기후변화와 개방화에 대응하고 미래의 성장동력을 창출하며 본격적인 해외 진출을 추진할 시기다.

| 매일경제 2010.03.08

G20 농업장관회의와 식량문제

우리 실정에 맞는 식량주권정책 펴나가야

지난해(2011년) 6월 프랑스 파리에서 열린 주요 20개국(G20) 농업장관회의에서 미국·영국 등의 장관들은 무역자유화와 시장개방이 농업분야에 광범위하게 적용돼야 한다고 주장했다. 우루과이라운드(UR)나 세계무역기구(WTO) 협상 등에서 식량 수출국들이 하는 전형적인 주장이다. 필자를 비롯한 일부 장관들은 농업 분야의 특수성을 강조하고 시장경제 만능주의를 버려야 한다고 주장했다. 세계 식량위기 발생시 신속대응포럼을 구성하고 농산물시장정보시스템을 만들어 G20 국가가 주도적으로 농업위기에 대응해야 한다는 합의문 제정에도 일조했다.

이런 와중에 사르코지 당시 프랑스 대통령의 발언은 색다른 느낌을 갖게 했다. 각료회의 전날 엘리제궁에서 사르코지 대통령은 기상이변과 곡물파동, 농업 여건변화에 대비하는 G20 농업장관들의 노력을 높이 평가하면서 인류생존과 관련된 식량문제의 중요성을 강조했다. 특히 "곡물시장의 피해 방지를 위해 근본적으로 자본주의 체제의 재조정이 필요하다"면서 "규제 없는 시장은 시장이 아니다"라고까지 말하는 사르코지 대통령에게 깊은 감명을 받았다. 농업의 특수성을 강조하면서 다국적기업 위주의 농산물 시장구조를 비판한 것이다.

G20 농업장관회의가 개최된 지 1년이 지났으나 세계 곡물시장은 여전히 불안하다. 기상이변과 생산부족으로 인한 곡물가격 상승, 곡물 수요증가, 투기자본 참여 등 다양한 원인으로 곡물시장 불안은 지속되고

있다. 이런 상황에서 20%대의 곡물자급률을 보이고 있는 우리나라의 현실을 생각하면 고민이 깊어진다. 매년 농지가 감소하고 농업인구도 줄어들며 생산여건은 더욱 어려워진다.

그러나 식량 불안정은 우리 경제 전반에 많은 영향을 줄 것이다. 서둘러 안전장치를 갖추어야 하나 그간 성과나 현실적 한계를 고려하면 걱정이 앞선다. 우리 정부나 aT(한국농수산식품유통공사)도 해외농장 개발, 국가곡물조달시스템 구축, 해외시장 정보 수집, 수입선 다원화 등 다양한 대책을 추진하고 있으나 많은 한계가 있다. 국내생산량 증대, 기후변화 및 환율·국제유가 급변동 대비, 대체에너지 개발 등 종합적인 대책을 국가적 관점에서 체계적으로 구축해야 한다.

식량의 중요성은 더 강조할 필요도 없다. 가까운 필리핀의 사례를 보자. 필리핀은 1960년대 국제미작연구소가 있을 정도로 농업연구가 활발했으며, 3모작이 가능하고 한때 쌀 수출국이었다. 그러나 농업투자 소홀로 최근에는 세계 최대 쌀 수입국으로 전락했다. 우리나라 지도자들도 농업투자 소홀로 실패한 지도자라는 오명을 얻어서는 안 된다.

이제는 '식량안보'라는 용어에서 '식량주권'으로 바뀌어야 한다. 식량이 안정적으로 확보되지 않으면 주권국가로서의 역할도 행사하기 어렵다. 다가오는 새해에도 식량문제는 결코 안심할 수 없다. 더 큰 관심을 기울이고 구조적인 문제를 푸는 데 머리를 맞대자. 생산량 증대, 생산비용 절감, 품종 개발 등 기술혁신과 연구개발 강화, 생산기반 확충, 해외안전망 확보 등 전방위에 걸친 식량안보 정책을 추진해야 한다. 우리 실정에 맞는 대책을 차분히 추진하는 것이 식량 불안 시대 우리의 과제다. | 농민신문 2012.12.12

식량안보와 G20

정상들이 식량문제 해결 위한 국제공조에 앞장서길

식량안보가 다시 전 세계적 과제로 대두되고 있다. 최근 기후변화와 금융시장 불안은 식량수급 상황을 악화시키고 있다. 새삼 식량안보가 국제 논의과제로 등장하고, 해결을 위한 국가 간, 지역 간 협력체계 강화가 요청된다. 주식으로 먹는 쌀이 남아돈다고 마냥 안심할 수 없는 상황이다.

지난(2010년) 9월 27일 경북 경주에서 개최된 제30차 FAO 아시아·태평양 지역총회에는 28개국 대표단과 옵서버, 국제 NGO 대표 등 350여명이 모였다. 이곳에서 보릿고개를 극복하고 먹을거리 자급을 달성한 우리의 경험과 역사가 상영되었다. 잔잔한 음악과 함께 흑백 영상이 흐르면서 6·25전쟁의 폐허와 그 이후의 재건활동, 새마을운동, 식량증산운동 등 우리나라의 식량생산 노력이 시연되었다.

피땀 흘린 결과로 주곡자급을 달성한 우리의 과거와 현재를 담은 영상이 끝나고 잠시 정적이 흐르자 생각지 못한 뜨거운 박수가 터졌다. 우리가 걸어온 발자취를 5분간 영상화하여 보여준 것에 불과했으나 참석자들의 예상치 못한 뜨거운 축하를 받은 것이다. 우리에게 보낸 격려는 쌀 생산증대의 성공신화 예찬을 넘어 아직도 식량 부족에 처해 있는 자국의 현실을 안타까워하고 미래를 다짐하는 감동적인 추억으로 남을 것이다.

지난 달 16일 일본 니가타에서는 아시아태평양경제협력체(APEC) 21개국 농림장관들이 모였다. 식량안보를 재강조하고 식량생산과 교역증대를 위한 각국의 노력을 촉구하면서 APEC 차원의 각료 선언문도 채택하였다.

앤 트왈리어 미 농무부 차관보는 한국의 세계농업식량안보기금(GASF) 참여에 감사를 표하면서 펀드 활성화를 위한 공조를 당부하였다. 국제농업개발기금(IFAD) 부의장 오무라 유키코는 우리 농식품부와 IFAD가 공동으로 추진하는 아·태 지역 빈곤퇴치 워크숍을 통해 양측 간 실질적인 협력관계 구축을 희망하였다.

연속 개최된 두 번의 국제회의에서 달라진 우리나라 위상을 확실히 인식하였다. 전쟁의 폐허 속에서 60년 만에 우리나라는 이제 선진국은 물론 개도국도 인정하는 국제문제 해결을 위한 리더 국가가 된 것이다.

오는(2010년) 11일에는 G20 정상회의가 서울에서 개최된다. G20 정상회의에서도 식량위기 문제가 논의될 것이다.

식량안보라는 과제가 선·후진국을 막론한 국제사회의 주요 논의과제로 대두된 것은 많은 것을 시사한다. 식량위기가 다시 오고 있다는 점과 식량생산과 교역증대를 위한 국제 공조체계가 필요하다는 점을 재인식하는 것이다.

말로만 하는 선언이 아니라 구체적 실천방안을 만들어 나가는 데 국제사회 리더 국가로서 우리나라의 역할을 증대해야 할 것이다. 식량문제에 관한한 우리는 값진 역사와 경험이 있다. G20 정상회의에 참여하는 외국 정상 및 대표단의 신뢰를 이끌어낼 수 있는 새로운 역할을 창조해야 하며, 그 주인공은 우리 국민이다. | 국민일보 2010.11.01

한 수 배우겠다는
일본 관료

농산물 시장개방 지지로 태도변화 보여

한국과 유럽연합(EU)이 지난(2010년 10월) 6일 자유무역협정(FTA)에 공식 서명했다. 16조 4000억 달러에 이르는 세계 최대 시장인 EU와 FTA를 체결하면 우리나라 경제는 물론 주변 국가에도 많은 영향을 줄 것이다. 무엇보다 이웃나라 일본이 경계를 넘어 위협을 느끼는 것 같다. 지난 16일 일본 니가타에서 개최된 아시아태평양경제협력체(APEC) 농림장관 회의에서 만난 쓰쓰이 노부타카 일본 농림수산성 부대신(차관)은 "한국의 FTA 전략을 한 수 배우자"며 필자에게 인사를 건넸다.

지난 12일에는 시노하라 다카시 일본 농림수산성 차관이 직접 정부 과천청사로 필자를 찾아왔다. 시노하라 차관은 일본 농림수산성 고위 관료이면서 중의원 3선 경력을 가진 정치인이다. 당시 면담에서 그는 개방을 거부했던 한국이 왜 적극적인 개방정책을 추진하는지와 함께 FTA 장단기 전략과 피해 보완책, EU와 우리나라 간 FTA 체결이 가져올 동북아 세력 변화 등에 관심을 표시했다.

시노하라 차관은 농산물 시장 개방에 대해 비판적인 인식을 갖고 있다. 필자는 20여 년 전 경제협력개발기구(OECD)에 근무할 때 일본대표부 참사관인 그를 알게 됐다. OECD 농업위원회에서 시장 개방을 강조하는 서구 농업정책에 대해 날카로운 비판을 하는 시노하라 대표가 매우 인상적이었다. 앞으로 유기농업이 크게 증대될 것이라는 그의 예측도 적중했다. 지역에서 생산된 농산물을 해당 지역에서 소비해야 한다는 지산지소(地産地消) 개념을 1987년 최초로 도입한 사람도 시노하라 차관이다. 지산지소는 '신토불이'와 최근 각광받고 있는 '로컬푸드' 개념과 유사하다.

　이번에 더욱 놀란 것은 시노하라 차관의 치밀함이다. 면담할 때 가져온 20년 전의 필자 명함과 5년 전 미국 워싱턴에서 농무관으로 재직할 때 건네준 명함을 보는 순간 일본 고위관료의 치밀함에 놀라움을 넘어 두려움까지 느꼈다. 한·EU FTA 체결로 우리 경제 전반의 교역이 늘어나고 체질이 개선되면서 실질 GDP가 10년간 5.6% 증대될 전망이다. 협상에서 쌀은 양허를 제외했고, 고추 마늘 양파 등 농민 소득과 직결되는 9개 품목은 현행 관세를 유지했다. 돼지고기, 낙농품 등 축산 분야 중심으로 피해가 우려되어 이 분야에선 보완대책을 마련 중이다.

　농산물 시장을 보호해야 한다는 인식에서 탈피해 개방으로 경쟁력을 갖춰야 한다는 일본 당국자의 자세 변화는 많은 것을 시사한다. 향후 한·일 간 FTA에서 일본의 전략 변화도 감지된다. 거대 경제권을 향한 우리의 선제적이고 동시다발적 FTA 추진을 바라보는 일본의 시각은 복잡할 것이다. EU 시장을 상대로 한국이 아시아 최초로 FTA를 추진하는 데 따른 경계와 위협을 느꼈을 것이다.

　"한 수 배우겠다"는 일본 관료의 자세는 엄살로만 느껴지지 않는다. 국가의 미래를 위해 과감히 자신의 소신을 바꾸는 일본 고위관리의 인식 변화는 우리를 더욱 긴장하게 만든다. | 매일경제 2010.10.25

안전한 먹거리가
농업 경쟁력

생산 농민들은 시장의 요구 적극 받아들이는 노력을

세계적인 물리학자이며 철학자인 슈타인 뮐러는 저서《기술의 미래》에서 "농식품이 오늘날처럼 안전했던 적은 없었다. 또한 소비자가 지금보다 더 불안한 적도 없었다. 그 이유는 불신이다"고 말했다.

농식품 안전에 대한 국민적 기대는 나날이 높아지고 있으나 국민들의 불안은 아직 높다. 농식품 안전과 관련된 보도에 의하며 '우리 국민 87%가 불안해 한다'는 조사 결과도 있다. 농식품 안전에 대한 불안감 해소는 어느 누구만의 몫이 아니다. 정부는 농식품 안전관리를 위한 정책수립과 기술개발에 최선을 다하고, 농민은 안전한 농산물을 생산하겠다는 각오와 노력에 최선을 다하여 국민에게 농식품 안전에 대한 신뢰감을 주어야 한다.

농식품 안전과 관련해 우리 국민은 농약 48.3%, 중금속 41.9%, 식중독균 4%, 곰팡이독소 2% 순으로 위험하다는 조사결과도 있다. 반면, 선진국에서는 식중독균을 가장 위험하게 생각한다. 최근 우리 소비자들은 농식품을 구매할 때 안전을 최우선으로 고려하는 것으로 나타났다. 친환경·유기농산물은 다소 비싼 가격에도 불구하고 인기가 높다.

소비자에게 안전하고 위생적인 농식품을 공급하는 제도는 이미 마련되어 있다. 농산물의 생산부터 수확 후 포장단계까지 농산물에 잔류할 수 있는 농약, 중금속, 식중독균과 같은 유해 미생물 등의 위해요소를 관리하는 농산물우수관리제도(GAP)가 시행 중이다. 농산물의 생산에서 판매단계까지 정보가 종합적으로 관리되는 '이력추적제'를 근간으로 하기 때문에 문제가 생기면 신속하게 원인을 밝히고 대책을 세울 수 있다. 농식품 안전사고는 그 여파가 한나라에 그치지 않고 전 세계적인 이슈가 되기 마련이다.

최근 농식품 수출의 화두는 품질 경쟁력과 안전성이다. 지난 해 우리나라 농수산물 수출액은 46억 달러로 증가추세이지만 2012년까지 100억 달러를 목표로 하는 우리에게 갈 길은 멀다. 지난해 4월 수출통관 중이던 한국산 파프리카와 방울토마토에서 잔류농약이 기준치를 초과해서 수출에 제동이 걸린 사례는 좋은 경험이라 볼 수 있다. 농식품 경쟁력의 기본이 '안전성'이다. 이제 안전성문제는 선택이 아니라 필수가 된 것이다.

농촌진흥청은 지난 12일 캄보디아에서는 진흥청의 7번째 해외농업기술개발센터(KOPIA) 개소식을 가졌다. 그 자리에 참석한 임 챌리 캄보디아 부총리는 필자에게 '한국과 농업연구의 폭을 넓혀 국제 표준에 맞는 농산물을 생산하고 이를 통해 수출농업을 육성하겠다'는 강한 의지를 표명했다. 캄보디아는 빈곤을 극복하고 농업생산성을 높이는데 관심을 기울이고 있는 나라다. 한국과 협력하면서 수출까지 생각하는 캄보디아 부총리의 강한 의지와 함께 우리농업의 기술경쟁력에 기대를 엿볼 수 있었다.

농업 경쟁력을 논할 때 농식품 안전성을 빼놓을 수 없다. 소비자들은 더 강력한 농식품 안전을 요구하고 있다. 생산 농민들은 시장의 요구를 적극 수용하여 진정한 농식품 경쟁력을 갖춰야 한다.

| 아시아경제 2010.04.21

Chapter

6

농업발전 없이
선진국 되기
어렵다

| 미국 대통령과 농업 |

| 시장경제와 농업 |

| 지금 선진국들의 농업은 |

| 선진국 진입과 규제완화 |

미국 대통령과 농업

지도자의 관심이 선진 농업의 밑거름

　나는 2000년대 중반 워싱턴 DC 주재 한국 대사관에서 농무관으로 근무하면서 미국 대통령이 농업 부문에 기울이는 각별한 관심을 관찰했다. 미국 대통령 후보자의 농업 분야 공약이나 농민단체의 지지 여부가 당선에 중요한 영향을 미친다. 특히 곡물이나 축산단체의 영향력이 매우 커 미국 정부가 쌀이나 소고기에 특별한 관심을 기울이는 것도 그 때문이다. 주의 크기에 관계없이 2명씩 상원의원을 뽑게 한 것도 지역 농업 보호를 위한 것이라고 한다. 미국 헌법의 첫 문장이 We the people로 시작하는 바, the people은 농민을 의미한다고 미국 역사학자 존 실레버크는 주장한다.

　농업을 중시하는 미국인의 인식은 농본주의에 근거, 미국 농촌의 기초가 되는 가족농으로 이어진다. 국민의, 국민에 의한, 국민을 위한 정부가 민주 정부라고 강조한 에이브러햄 링컨 대통령은 취임 이듬해인 1862년 농무부를 창설하고 명칭을 국민의 부처(People's Department)라고 불렀다. 농무부는 전 국민을 위한 부처로서 역할을 다하라는 메시지가 담겨 있다.

　버락 오바마 대통령이 2009년 취임하면서 축산 분뇨처리기술과 발광다이오드 활용 기술을 향후 미국의 고용과 성장을 이끌어 나갈 핵심기술이라고 강조했다. 오바마 대통령은 "농업은 도전을 겪는 동시에 막대한 경제적 기회 앞에 서 있다."면서 농업의 향후 발전 가능성을 역설했다. 미셸 오바마 대통령 부인도 백악관에 '부엌정원'을 만들고 국민에게 안전한 먹거리의 소중함을 강조하고 있다.

농산물 생산이나 수출, 식품, 종자, 농생명, 화학 등 농업의 전후방 연관분야에서 미국은 명실상부한 세계 죄고 강국이다. '생명반도체'인 종자 분야에서도 19세기부터 세계 각국의 유전자원을 수집해 현재 51만 점을 보유한 세계 최대 종자 강국이다. 곡물 생산이나 수출에서 미국의 위상은 더 강조할 필요가 없다. 농작업 대행 농기계, 곤충의 행동을 모방한 지능로봇(Robug), 농업용 무인헬기 등 농업기술의 발달과 타 부문과의 융복합은 상상을 초월하는 변화를 가져온다. 듀폰이나 몬산토사는 농작물을 이용한 신소재 개발에 열을 올리고 있다. 카길사는 콩 단백질을 이용한 다양한 제품을 만들고 있으며, 바이오 플라스틱 기술도 개발했다.

빌딩 속에서 농작물을 재배하는 이른바 수직형 빌딩 농장도 급속히 발전하고 있다. 이 개념을 도입한 미 컬럼비아대학의 딕슨 데포미어 교수는 30층 규모의 식물공장이 5만 명을 먹여 살릴 수 있다고 말한다. 지속가능하고 건강한 도시를 만들기 위한 도시농업도 농업기술의 응용 현장 사례이다. 미국의 많은 학자와 정책 담당자들은 농업생산성 향상을 위한 핵심은 연구개발이라고 여긴 결과, 지난 40년간 미국 농업생산성의 50%가 연구개발로 이뤄졌다고 한다.

우리 농업이 '먹는 농업'을 탈피해 정보, 지식, 기술, 생명공학, 나노기술이 융복합되어 미래의 고부가가치를 창조하는 '신(新)농업'으로 가기 위해서 혁신적 기술개발이 이뤄져야 한다. 기술농업이 뒷받침돼야 비용 절감과 생산성 향상이 가능하고 선진농업으로 도약할 수 있다.

| 서울신문 2012.12.31

시장경제와 농업

시장질서 교란행위에는 정부의 과감한 대처 필요

날씨가 변화무쌍하다. 105년 만의 가뭄으로 농작물은 물론 도심의 수목까지 목말랐다. 생활용수도 부족할 만큼 심각한 지경이더니 최근 가뭄대책을 장마대책으로 바꿔야 하는 게 아닌가 싶을 정도로 비가 무섭게 내렸다.

기상여건만 복잡해지는 게 아니다. 농업과 농촌 전반에 걸린 현안도 날로 산적하고 양상 또한 복잡하다. 혹자는 농산물 분야의 문제에 대해 수요와 공급의 원리에 따라 움직이는 시장이 해결해 줄 것이라는 '시장경제 만능주의'를 들이댄다.

생산이 만성적으로 부족했던 시기에는 공급을 늘리면 문제가 풀렸다. 하지만 지금은 공급과잉 시대다. 수요에 생산을 맞추더라도 가격 안정을 기대하기 어려운 상황이 속출한다. 또한 개방시대 아닌가. 중국산 배추, 미국산 쇠고기, 유럽산 포도주 등 외국 농식품이 주변에 즐비하다. 국내 가격 상황이나 유통 여건 변화에 따라 외국 먹거리들이 우리의 밥상에 심심찮게 오르고 있다.

미국 테네시대학의 다릴 래이 교수는 "농산물 분야는 수급변화에 따른 가격반응이 신축적이지 않고, 시장상황과 정책이 유기적으로 연계되지 않기 때문에 시장경제 일변도 정책은 사회적 비용을 증대시키고 농가소득을 붕괴시킨다."고 지적했다. 시장경제의 본고장이자 가구당 평균 경지면적이 180㏊에 달하는 미국에서조차 시장경제 만능주의에 대한 경고가 나오는 판이다.

물론 시장경제의 원리를 아예 무시할 수는 없다. 수요와 공급 중심으로 문제를 풀어가야 한다는 기본 원칙은 농업 분야에서도 마찬가지다. 그러나 최근 몇 년간의 국제 곡물가 파동에서 보듯 농산물의 경우 시장에만 맡겨 놓으면 된다는 사고는 매우 위험하다.

한 예로 정부는 설탕 가격 안정을 위해 한국농수산식품유통공사(aT)를 통해 설탕 수입을 추진하고 있다. 원당 가격이 내리고 환율이 떨어져도 국내 설탕가격이 하락하지 않기 때문이다. 독과점 시장구조와 비효율적 유통구조가 원인이다. 국내 설탕시장은 1980년대부터 주요 3개 업체가 국내 소비량의 약 97%를 공급하는 과점체제이다. 또 수입되는 설탕은 30%의 높은 관세를 유지하고 있다.

국내 설탕시장의 경직된 독과점 구조와 높은 진입장벽, 유통의 비효율이 설탕시장을 왜곡시켜 왔다. 설탕은 이제 단순한 기호식품을 넘어 거의 모든 가공식품에 사용되고 있을 정도로 국민 생필품으로 자리 잡았다. 따라서 설탕의 안정적인 공급과 가격 안정은 국가적으로 매우 중요한 과제다.

aT는 지난 1월부터 총 5000t의 설탕을 직수입했다. 정부에서 식품가공용으로 한정된 용도도 폐지해 일반 소비자들이 인근 대형마트에서 쉽게 수입 설탕을 살 수 있도록 했다. 저율의 할당 관세 추천기관도 한국무역협회에서 aT로 전환했다. aT의 설탕 직수입이 시작되면서 설탕업체 3사의 소비자 가격도 4~5% 하락했다.

공기업의 설탕 수입에 대해 비판적 시각도 있다. 그러나 최근 곡물시장에서 보듯이 농업 분야에서 쓸데없는 불안과 비용 상승을 막기 위해 공공기관의 개입은 불가피하다. 이상기후에 더해 곡물시장의 독과점

체제, 개도국의 수요증대, 투기요인 등이 복합적으로 작용해 인류의 먹을거리를 위협하는 상황이 지속되고 있어 안타깝다.

이로 인해 농업 분야에서만큼은 시장경제 만능주의에 대한 경각심을 일깨우고 적절한 규제가 필요하다는 공감대가 세계적으로 형성되고 있다. 지난해(2011년) 6월 프랑스 파리에서 개최된 주요 20개국(G20) 농업장관 회의에서 사르코지 프랑스 대통령은 "규제 없는 시장은 시장이 아니다."라고 하면서 규제의 필요성을 역설했다.

농산물 시장의 질서교란 행위에 대해 정부가 과감한 규제와 대처를 하는 것이 최근 선진국 추세이다. 설탕뿐만 아니라 여타 품목에 대해서도 시장경제 일변도 정책에 따른 피해나 비효율이 있다면 정부가 시정해야 한다. 그것이 공정사회를 향한 발걸음이요, 상생방안이다.

| 서울신문 2012.07.09

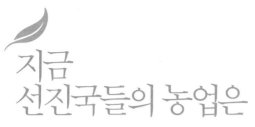

지금
선진국들의 농업은
농업안정화가 미래 성장의 열쇠

　최근 세계 농업분야에서는 두 가지 큰 특징이 보인다. 하나는 기후변화와 농산물가격 불안 등 위험요인 증가에 대한 대비 강화이고, 또 하나는 주요 선진국이 농업 분야의 미래 성장 가능성을 재인식해 각종 활성화 대책을 추진한다는 점이다.

　올해(2011년) 주요 20개국(G20) 회의 의장국인 프랑스는 G20 농업장관회의를 제안하면서 투기자본으로 인한 농산물 시장불안과 세계경제 혼란을 막기 위한 공동 대응을 주장했다. 농산물 생산과 가격, 농업보조금 등이 국제적 이슈로 대두되고 농업 부문의 안정과 신성장을 통한 세계경제 발전 방안이 심도 있게 논의된다.

　선진국들은 요즘 안전하고 영양 있는 식품 공급에 농업 정책의 최우선 순위를 둔다. 단순히 먹을거리 공급을 위한 생산을 넘어 안전과 영양이 주요 과제로 대두된다. 미국은 지난해 말 식품안전현대화법을 제정해 농식품 안전정책을 강화하고 있고, 취약계층에 대한 영양 지원을 확대했다. 자급도가 높은 선진국도 곡물 파동이나 위기에 대비해 안정적 생산을 위한 노력을 지속하고 있다.

　식량위기는 언제든지 올 수 있고 선진국도 예외가 아니다. 최근 식량위기는 기후변화와 투기자본 유입에 편승해 예측과 대응이 어렵다. 이미 곡물가격 상승의 조짐이 나타나고 있음을 직시해야 한다.

　농가소득 안정 및 농촌 활성화도 중점적으로 강조된다. 미국은 농업인의 소득지지, 농업대출 프로그램 개발을 통한 농업 안전망을 강조한다. 또 지역단위로 생산자와 소비자를 연계하는 프로젝트를 추진해 창업기회를 확대한다. 유럽은 균형 있는 지역개발을 공동 농업정책의 역점사업으로 다루면서 농촌 활성화를 기한다. 일본은 호별(戶別)소득보상제도를 확대해 농가단위 소득 안정을 추진한다. 일본이 올해를 '농림어업 재생의 원년'이라는 야심찬 목표를 세우고 총리를 중심으로 전 각료가 힘을 쏟고 있는 점도 주목할 만하다.

특히 눈에 띄는 것은 농업에서 새로운 성장동력을 찾고 있다는 점이다. 일본은 올해 농림어업과 2차, 3차 산업을 융·복합해 6차 산업으로 발전시키겠다는 '농산어촌 6차 산업화'를 중점 추진한다. 미국은 농촌을 변화시켜 500만 명의 일자리를 창출하는 신성장동력 산업을 추진하고 있으며, 사르코지 프랑스 대통령은 '농업은 나노공학, 우주산업처럼 미래를 여는 열쇠'라고 언급하면서 농업의 새로운 가능성을 강조한다.

선진국 농업정책이 우리에게 시사하는 바는 매우 크다. 고령화, 소득정체, 수급 불안정 등 구조적 한계를 가진 한국 농업이지만 강점을 최대한 활용하면서 우리 특성에 알맞은 대책을 추진하면 성공 가능성도 크다. '안전한 식품의 안정적 공급'이라는 기본에 충실하면서 '한국형 농어업정책'을 실천할 때 새로운 블루오션이 열릴 것이다.

| 서울경제 2011.02.14

선진국 진입과
규제완화

글로벌 시대에 맞게 불필요한 규제는 과감히 개선해야

선진국 진입을 위해서는 국가경쟁력이 높아야 한다. 국가경쟁력은 평가기관마다 경쟁력 정의, 평가방법 등이 다르기 때문에 일률적으로 말하기는 어렵다. 지난해 우리나라의 국가경쟁력은 국제경영개발대학원(IMD)자료에 의하면 57개국 중 27위이다. 세계경제포럼(WEF)에 의하면 133개국 중 19위, 세계은행(WB) 평가에서는 183개국 중 19위이다. 우리나라는 교통·통신, 기술 및 과학 부문의 인프라, 기업혁신 등에서는 비교적 경쟁력이 높은 수준이다. 반면 노사관계, 정치 및 정부정책의 투명성 및 정부규제로 인한 비용 등에서는 대체적으로 낮은 수준이다.

국가경쟁력 강화를 위해 정부는 국민의 경제활동 및 일상생활에 밀접한 4천 150여 건의 규제에 대해 일몰제를 확대하는 등 불합리한 규제를 개선하여 경제 활력을 도모하고 있다. 농업 분야에도 각종 규제가 많고 복잡하며 전근대적인 내용도 많아 농업발전을 저해하고 있다. 농업정책과 직접 관련된 내용은 말할 것도 없고, 식품위생, 건축, 농지, 산림, 환경 등 농촌생활 전반에 걸쳐 각종 규제가 많다. 우리 농업이 과거의 식량 생산중심의 1차 산업을 넘어 최첨단 산업으로 전환되고 있는데 농업관련 규제는 시대에 맞지 않은 전 근대적 내용이 많다. 생산된 농산물을 다양하게 가공하는 2차 산업은 이미 널리 활성화되어 농가공품, 음료, 주류, 의류, 화장품, 비누, 의약소재 등을 만들고 있다.

농촌 자원과 환경, 어메니티, 관광, 볼거리 등을 개발하는 3차 산업도 크게 부각되고 있고, 정보, 생명공학, 바이오, 나노기술이 가미된 첨단 과학으로 발전되어 6차 산업으로 농업이 자리 잡고 있다. 지난해 세계 최초로 누에고치를 이용하여 인공고막을 개발하였고, 최근에는 감귤 부산물로 인공피부 소재를 만들었다. 인공고막은 조만간 5조 원대에 이르는 인공뼈 개발로 이어질 전망이다. 이러한 연구 성과가 조기에 실용화되고 농가 소득증대와 지역경제 활성화에 기여하기 위해서는 각종 규제를 완화해야 한다. 농촌의 소규모 농가공품 공장에도 대규모 식품기업에 적용되는 규정이 적용된다. 농민이 제대로 지키기 어렵다 보니 자연히 편법이나 불법 운영이 될 가능성이 있다. 일일이 열거하기 어려울 정도로 전 근대적인 규제나 신종 규제가 많다. 글로벌 시대를 맞아 우리 농업의 경쟁력을 갖추고 한 단계 도약하기 위해서 규제완화는 필수적이다. 꼭 필요한 규제는 지켜져야 하나, 시대와 상황에 걸맞은 개선이 이루어져야 함은 분명하다.

농촌진흥청장으로 부임한 지난 1년 동안 농업·농촌현장을 돌아보면서 무수히 많은 규제개선 건의를 들었다. 농업인, 농업 관련 단체장, 지역 여론 주도 인사 등 만나는 사람마다 이구동성으로 규제개선을 주장한다. 지난해 65건에 달하는 농촌현장의 규제를 발굴하여 국가경쟁력강화위원회와 협의해 29건을 개선하였다. 금년에도 농업규제를 개선하고자 1천개의 규제 개선 목표를 세웠다. 현장의 불합리한 규제나 정책 건의를 직접 듣고 해결하기 위해 매주 목요일 '현장의 목소리' 전화상담도 실시한다. 일어서서 바로 처리한다는 의미에서 전화번호도 1544-8572이며, 전국 어디서나 이 번호를 이용할 수 있다. 사소한 것 하나라도 놓치지 않으려고 노력하고 있으며 현장규제를 모르거나 현장 불편을

외면한 정책은 성공할 수 없다는 자세로 이 제도를 운영하고 있다. 농업 관련 기관은 물론, 여러 일선 대민기관으로 확산되기를 희망한다.

지난(2010년) 1월부터 서울역에서 도시민을 대상으로 야간 귀농교육을 실시하고 있다. 대기업 임원, 중소기업 경영지, 공무원, 언론인 등 많은 사람들이 앞 다투어 귀농교육을 받고 있다. 농업에 대한 인식이 많이 바뀌었고 농촌이 제2의 직장으로 인식되고 있음을 실감한다. 귀농 귀촌 정책이 성공하려면 농촌현장의 규제개선도 동시에 이루어져야한다. 도시민들의 귀농 꿈이 농업·농촌 현장의 각종 규제로 좌절되지 않기를 희망한다. 국민 모두가 농촌현장 규제에 관심을 가지고 해결하고자 노력하면 불합리한 규제가 상당수 개선될 것이다. 그래야 농업이 한 단계 발전할 수 있고 선진국으로 도약할 수 있다. 규제개선을 통한 우리 농업 발전이 G20에 걸맞은 국격(國格) 제고로 이어지기를 바란다.

| 중부일보 2010.04.02

7

FTA를
극복하자

FTA 어려우나 극복할 수 있다

무한경쟁력 시대 농업 경쟁력 강화로 이겨 나가자

한국 농업은 금년(2011년) 한 해 정말로 힘든 시기를 지내왔다. 연초부터 구제역을 막느라 엄동설한에 양축농가는 물론 공직자와 온 국민이 엄청난 고생을 했다. 재정 손실은 물론 소비 위축과 가격 파동이 뒤따라 큰 후유증을 남겼다. 더 큰 과제는 자유무역협정(FTA)의 비준과 이행이다.

한-EU FTA가 7월 1일자로 발효되었고, 한미 FTA도 우여곡절 끝에 지난달 22일 비준되어 내년도에 발효될 예정이다. 우리 농업의 가장 큰 걱정거리이자 극복해야 할 과제가 FTA 대응인데, 금년에 거대 국가를 상대로 두 개의 FTA를 체결한 것이다.

FTA에는 득실이 따르기 마련이다. 이제는 FTA에 따른 이익을 최대화하고 손실을 최소화하는 데 머리를 맞대야 한다. 정부에서는 피해보전 직불제 등 단기 대책을 비롯한 중장기 대책을 발표한 바 있다. 피해보전 대책도 중요하나 우리 농업도 경쟁력을 갖추어야 한다. 좌절하지 말고 노력만 하면 충분히 승산이 있다고 확신한다.

필자는 미국, 프랑스 등 우리가 FTA를 맺은 국가에서 근무한 경험이 있다. 유럽 최고의 농업국가인 프랑스나, 세계 최대 농업 강국인 미국에서 근무하면서 배운 교훈은 선진국이 되려면 농업 강국이 되어야 한다는 점이다. 또 농업정책은 한두 가지 정책으로 효과를 거두기 어려우나 전문성을 갖추고 노력하면 성공할 수 있다는 점이다. 농업·농촌·농민을 아우르는 정책이므로 여러 부처가 관여해야 하고, 생산·유통·소비·수출을 포괄하고 식품안전과 농촌환경을 망라한 총괄적 정책이 추진되어야 한다. 따라서 시간이 걸리고 기반 조성이 필요하다. 선진국이라고 해서 한두 가지 정책으로 성공하는 것이 아니고 특별한 방안이 있는 것만도 아니다.

FTA는 분명 경쟁력이 취약한 우리 농업의 위기이다. 하지만 FTA를 위기로만 간주해서는 안 된다. 외국 농산물의 수입 증대만 우려하지 말고 우리 농산물의 수출 증대 효과를 생각해야 한다. FTA로 수입도 늘어나지만 수출시장도 그만큼 커진다. 지난해 우리 농식품의 대미 수출이 5억 1천만달러, 대EU 수출이 3억 3천만달러, 대중국 수출이 7억 8천만달러 수준이다. 올해는 미국 6억 달러, EU 3억 5천만달러, 중국 12억 달러의 수출 실적을 거둘 것으로 예상되고 있다.

미국 시장에는 우리 농식품 중에서 라면과 인삼, 고추장·된장 등 장류의 수출이 유망하고 EU에서는 음료류, 냉동어류, 버섯류 등의 품목이 인기일 것으로 전망된다.

필자는 최근 우리 농식품의 해외시장 개척 및 수출 증대를 위해 중국에 다녀왔다. 중국 최대의 식품박람회인 상하이국제식품박람회에서 막걸리, 버섯, 유자차 등 다양한 한국 식품이 현지인들의 주목을 끌고 수출 계약으로 이어지는 것을 보면서 한국 농식품의 수출 증대 가능성을 직접 확인할 수 있었다.

FTA로 관세가 인하되면 라면 등 면류와 인삼, 김, 과실류, 제과류, 막걸리 등 전반적으로 우리 농식품의 수출 증대 효과가 있을 것으로 기대된다. 농수산물유통공사는 앞으로도 인접한 중국, 일본, 아세안 국가들은 물론 미국, EU 등을 대상으로 수출 가능성이 높은 품목을 발굴하고 해외박람회에 적극적으로 참여함으로써 한국 농식품 수출을 확대할 계획이다.

농식품의 해외시장 개척이 쉬운 것만은 아니다. 고급 품질의 농산물 생산에서부터 유통, 식품안전 등 전 과정에 걸친 고급화가 필요하고, 현지 유통시장에의 참여전략도 필요하다. 수출 비전을 제시하고 실천전략도 제대로 짜야 한다.

정부의 보완대책도 필요하나 가장 중요한 것은 피해의식에서 벗어나 자신감을 가지는 것이다. 최근 한 농민단체의 장은 "우리나라는 통상으로 먹고 사는 나라인데 FTA를 무조건 반대한다는 주장이 국민적 호응을 얻을 수 있겠나. 이제는 대책이 중요한 시점"이라고 밝힌 바도 있다.

세계시장을 상대로 한 무한경쟁시대에 살아남기 위해서는 정부와 농업계는 한마음 한뜻으로 우리 농업의 경쟁력 강화에 힘써야 한다. 우리나라가 내년에 100억 달러 수출을 달성하여 농림수산식품 수출 강국으로 도약한다면 식량안보 시대에 농업 토대가 굳건해질 뿐만 아니라 국가 경제에도 큰 활력을 불어넣을 것이다.

올해 우리 농업인들은 정말로 고생이 많았다. 올해 남은 시간을 잘 마무리하고, 내년에는 새로운 자세와 힘찬 각오로 본격적인 FTA 시대에 대응해 나가자. | 매일신문 2011.12.06

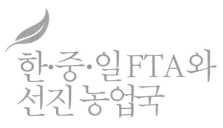

한·중·일 FTA와 선진 농업국

수출 유망 품목 적극 발굴해 농식품 수출 증진시켜야

한국과 중국, 일본은 지리적으로나 역사적으로 가깝고도 먼 나라이다. 여러 가지 이유로 서로 간에 감정의 골도 깊다. 그러나 정치외교적인 관계를 떠나 무역을 증진시키고 경제적 이익을 확대해야 하는 것은 분명하다. 우리나라와 중국, 일본 간 자유무역협정(FTA) 체결을 위한 첫 공식협상이 이달 말 우리나라에서 열린다. 세 나라의 인구는 15억 명, 국내총생산(GDP)도 14조 달러에 달한다. 한중일 FTA가 성사되면 북미자유무역협정(NAFTA)과 유럽연합(EU)에 이어 세계 3위의 초대형 경제권이 탄생하게 된다.

한중일 FTA의 경제적 효과는 매우 크다. 대외경제정책연구원의 연구결과에 의하면 10년간 최대 163억 달러, 약 18조 원에 달하는 경제효과가 발생할 것으로 예상된다. 우리나라의 실질 GDP는 1.5% 가까이 증가할 전망이다. 한중일 FTA는 다자간 협상이기 때문에 시장개방의 속도와 범위 조율이 쉽지만은 않다.

문제는 농업 분야이다. 가장 민감하고 취약한 분야인 농업 분야를 보호하기 위한 협상노력도 치열하게 전개될 것이다. 경제적 유불리를 계량지표만으로 분석하기 어렵다. 농산물 생산구조나 식문화도 우리나라와 유사하고 지리적으로 가깝다. 단순 가격경쟁력 측면에서 우리는 중국에 비해 불리하다. 재배기술이나 가공기술, 유통 분야의 노하우나 자금력은 일본이 우리보다 앞선다. 이래저래 분석이나 계산이 복잡하다.

정부 차원에서 농어업 보호를 위한 다양한 지원을 하겠지만, 보호정책보다 중요한 것은 피해의식을 극복하고 적극적인 수출 증대 노력을 기울이는 것이다.

지난해 우리 농식품 수출은 80억 달러를 기록하였으며 이중 일본이 약 30%인 24억 달러, 중국이 16%인 13억 달러를 차지했다. 양국을 합치면 우리 농식품 수출의 거의 절반이 이웃 두 나라에서 이루어지므로 이들 나라와의 교역증진이 매우 중요하다.

필자는 지난주(2013년 3월) 우리 농식품의 수출확대를 위해 일본과 중국을 다녀왔다. 일본 도쿄에서 열린 도쿄식품박람회(Foodex Japan)를 둘러보고 바이어늘과의 상담을 실시하였다. 중국에서는 대형유통업체 저스코와 한국 농식품 입점확대를 위한 업무협약(MOU)을 체결했다. 해외지사와 현지 바이어에 따르면 미국 달러화와 엔화 환율 하락으로 올해 농식품 수출여건도 상당히 어려울 것으로 전망된다. 다행히 하반기부터는 세계경제가 점차 회복된다고 하니 고무적이다. 중국 및 아세안 신흥시장을 중심으로 고품질 상품에 대한 수요가 늘어날 것으로 예상된다. 중국의 내수소비가 증대되고, 지난해 중국의 위생기준 변경으로 인한 통관지연 문제가 올해 정상화되어 대 중국 수출액은 10~15% 크게 증대될 전망이다. 홍콩, 싱가포르, 베트남 등도 한류 영향으로 한국 농식품 소비가 확대되어 수출액이 15~20% 이상 증가할 것으로 전망된다.

과거 20년간 30억 달러 수준에 머물던 우리 농식품 수출은 지난 5년간 두 배 이상 증가했다. 2007년 37억 달러에서 지난해에는 80억 달러를 넘어섰으며, 100억 달러 달성이 멀지 않았다. 우리 농식품 수출이

100억 달러 고지를 달성하면 여러 가지 변화가 있을 것이다. 국내 생산, 가공, 수출 전반에 걸쳐 많은 변화가 이루어져 우리 농업의 패러다임이 변화될 것이다. 1977년에 국가 전체 수출이 100억 달러를 넘어선 이후 무역 규모가 크게 증가되어 이제 1조 달러를 넘어서는 세계 8위의 무역 강국이 되었다. "우리도 할 수 있다"는 자신감을 국민들에게 심어준 것이 무역규모 확대이다.

대니 로드릭 하버드대 교수는 "한국은 수출의존도가 높고 자본시장 개방이 심하기 때문에 외부 변수들이 내부 변수들을 압도한다"고 한다. 무역 자유화가 불가피하다는 이야기다. 그러나 틈새를 이용하여 나름대로 실리를 찾아야한다. 해외 소비자의 기호를 분석하고 수출 가능성이 높은 유망품목을 적극 발굴하여 농식품 수출을 증대시키는 것이 우리가 나아갈 방향이다. 대구·경북이 수출농업에 앞장서 우리나라가 선진 농업국으로 도약하는 발판을 만들자. | 대구일보 2013.03.21

한중 FTA와
우리 농업의 과제

철저히 대비하면 개방화 위기를 기회로 바꿀 수 있어

우리나라와 중국의 자유무역협정(FTA) 논의가 급물살을 타고 있다. 지난(2012년 5월) 2일 협상 개시를 선언한 이후, 14일에는 베이징에서 1차 협상이 열렸다. 오는 7월 우리나라에서 2차 협상이 열리면 협정 대상범위와 농업 등 민감한 분야의 처리문제가 본격적으로 논의될 예정이다.

한중 FTA 이후의 우리나라 경제, 특히 농업 부문의 미래에 대해 걱정이 많다. 개방화는 피할 수 없는 과제이다. 한중 FTA도 미국이나 EU와의 FTA와 같이 시장 다변화, 국가전략 차원에서 접근해야 한다. 동북아 시대의 미래전략 차원에서 한중 FTA의 장점을 극대화해야 한다. 중국은 인구가 13억이 넘는데다 '세계의 굴뚝'으로 불릴 정도로 다양한 물품이 생산되고 있다. 1992년 한중 수교 이후 양국간 교역규모는 급속히 증가해 현재는 대 중국 상품교역이 우리나라 전체 교역의 20% 이상을 차지하고 있다.

국책연구기관에 따르면, 관세철폐 효과만을 따져볼 때 한중 FTA 발효 5년 후에는 1.25%, 10년 후에는 3.04%의 실질 GDP 증가가 예상된다. 그러나 농어업은 대표적으로 큰 피해가 예상되는 분야다. 우리나라와 기후대나 생산구조가 유사하고, 관세가 있는 지금도 우리 농산물이 가격경쟁력에서 밀리기 때문이다. 한중 FTA가 발효되면 중국산 농수산물 수입은 100억 달러 늘어나고 국내 농업생산은 14%까지 줄어들 것이라는 우려도 있다. 한중 FTA를 앞둔 우리 농업의 향후 과제를 짚어보고자 한다.

첫째, 자신감을 갖고 수출농업을 활성화해야 한다. 지난해 우리나라의 대 중국 농식품 수입액은 52억 3천만 달러에 달한 반면, 수출액은 13억 8천만 달러였다. 무역역조가 심각하다고 볼 수도 있으나 우리 농식품 수출이 2010년도 7억 8천만 달러에 비해 75% 이상 급증했다는 것을 고려하면 중국 시장을 충분히 공략할 수 있다는 자신감이 생긴다. 오징어, 대구, 삼치 등 수산물을 비롯해 홍삼, 라면, 커피, 분유, 유자차 등 다양한 품목이 중국에 수출되고 있다. 유망품목을 발굴하여 적극적으로 수출에 나서야 한다.

둘째, 한국산 농식품의 '안전·고급' 이미지를 심어주어야 한다. 최근 중국의 소득수준이 높아지고 중산층이 증가하면서 고품질 안전식품 선호경향이 늘고 있다. 안전한 먹을거리에 대한 인식이 확산되면서 라벨링 표기, 유해성분에 대한 규제 등도 엄격해지는 추세다. 한국 식품의 품질과 안전성은 이미 세계적으로 높은 평가를 받고 있다. 가격경쟁력이 아닌 품질경쟁력으로 중국시장에서 승부를 걸어야 한다.

셋째, 중국시장에 대한 연구·분석을 강화해야 한다. 중국은 일본에 이어 우리 식품의 제2위 수출 상대국이지만, 중국의 농식품 수입에서 한국산이 차지하는 비중은 1%에도 미치지 못한다. 중국은 지리적·식문화적으로 우리와 가까워 농식품 수출가능성이 매우 높다. 최근에는 대도시뿐 아니라 중소도시에도 가요, 드라마 등 한류의 영향이 확산되고 있어 농식품의 마케팅에 활용할 수 있다.

철강, 전자제품의 수출비중이 높은 대구·경북은 전체 수출액의 1/4을 대 중국 수출이 차지할 정도로 중국시장의 비중이 크지만, 농식품만 놓고 보면 중국 수출액이 전체의 10%에 불과하다. 버섯류, 홍삼, 명태 등은 대구·경북지역의 주요 수출품목이자 중국에 많이 수출되는 품목이다. 적극적인 수출증대 정책을 추진하면 새로운 시장이 열릴 수 있다. 최근 열린 중국 최대 농식품박람회인 '상하이식품박람회'에서 게살 가공품, 유자차, 대추막걸리 등 경북 농식품이 50만 달러의 현장계약을 체결하고 1천만 달러의 상담실적을 올린 것이 좋은 예이다.

한중 FTA는 지리적 인접성, 농산물 생산구조의 유사성 등 때문에 국내 시장에 미치는 영향이 막대하다. 정부는 농수산 분야를 민감 품목으로 분류하고, 최소 시장 접근 물량, 계절관세 등 국내 농어업 보호를 위한 다양한 노력을 펼칠 계획이다.

그러나 보호정책보다 중요한 것은 피해의식을 극복하는 것이다. 적극적인 수출증대 노력이 가장 중요하다. 개방화 시대에는 다양한 형태와 방법으로 수출경쟁력을 높일 수 있다. | 대구일보 2012.05.31

자유무역협정과 국내 경제

수출 효자 품목 발굴해 농수산식품의 한류 붐 일으키자

한미 FTA가 발효되면서 무엇보다도 우리 농업 분야의 피해를 우려하는 목소리가 크다. 값싼 미국 농산물 수입이 증가되어 국내 식탁에 오를 기회가 많아지면 국내 농산물의 생산 감소가 일어나고 이에 따라 유통, 소비, 농가소득 저하 등 농업 전반에 걸쳐 많은 피해가 예상되기 때문이다. 지난해 우리나라의 미국산 농산물 수입액은 77억 달러(약 8조 4천억 원)였다. 향후 FTA로 인한 관세 인하 효과를 감안할 때 추가수입이 예상되는 약 2조 원을 합하면 미국 농산물 수입액은 약 10조 원으로 추산되는데, 이는 우리나라 농어업 생산액인 50조 원의 5분의 1에 달하는 규모로 그 피해가 크다 하지 않을 수 없다.

그래서 FTA에 대한 보다 확실한 대응은 농식품 수출 증진책을 적극적으로 추진하는 것이다. 농식품 수출이 우리 국민경제에 뭐 그리 큰 역할을 할 것인가 하고 생각한다면 오산이다. 일본은 기꼬만간장 하나로 세계시장을 제패했다. 우리나라라고 일본처럼 하지 못할 이유는 없다. 농수산식품 산업은 부가가치가 높고 고용창출 효과도 크기 때문에 지역경제 활성화에도 직결된다. 부산·경남은 굴, 붕장어, 참치, 고등어 등 우리나라 농수산식품 수출의 30%를 차지하는 수산물 수출의 전진기지이다. 또 파프리카, 딸기, 배, 장미, 버섯류 등은 신선농산물 수출을 견인하는 대표 수출 효자품목이다. 특히 지난해에는 김치, 인삼 등 한국 식품을 대표하는 1억 달러 이상 수출품목이 12개로 증가했고, 일본 니케

이사에서 매년 발표하는 '일본 히트상품 베스트 30'에 막걸리, 홍초가 포함되는 등 한국 식품의 글로벌 인기를 실감할 수 있다.

올해(2012년) 우리나라의 농수산식품 수출 목표액 100억 달러를 달성하기 위해서는 전략적으로 접근할 필요가 있다. 첫째, 국가별 수출여건을 고려한 차별화 전략이다. 최대 수출시장인 일본에서는 대지진 여파, 한류 붐, 엔고를 새로운 기회로 활용하여 지속적인 성장을 도모하고, 2007년부터 수출 2위 시장으로 급부상한 중국에서는 내륙시장 개척에 주력해야 한다. 브릭스(BRICs : 브라질, 러시아, 인도, 중국)를 능가하는 경제성장 기관차로 여겨지는 아세안에서는 국가별 대표품목을 발굴하고, 미국에서는 한미 FTA 발효를 통한 교역 확대, 히스패닉 마켓 공략 등 틈새시장 개척에 힘써야 한다.

둘째, 글로벌 한류 열풍 및 한식 세계화를 활용한 한국식품 붐 조성이다. K-POP 등 글로벌 한류 및 한국 식문화에 대한 관심을 농수산식품 수출로 연계하고, 한식 세계화에 따른 한식의 인지도 확대를 수출 증대 요인으로 적극 활용할 필요가 있다. 셋째, 식품기업 육성·지원 강화를 통한 식품수출 확대 도모이다. 한국농수산식품유통공사(aT)는 농식품 수출전문기관으로서 수출 증진을 위해 이러한 여러 가지 대책들을 추진할 계획이다.

세계적 경제성장 둔화, 유가 상승 등 어려운 여건 속에서 내건 올해 농수산식품 100억 달러 수출은 만만치 않은 목표이다. 하지만 농수산식품 100억 달러 달성은 FTA 등 시장개방으로 위기에 처한 우리 농수산업에 희망과 기회를 안겨 줄 것이다. | 부산일보 2012.04.13

FTA는 우리 농어업 도약의 지렛대

농식품 1백억 달러 수출로 자신감 다지자

다사다난했던 신묘년이 가고 임진년(2012년) 새해가 왔다. 우리 농어업과 국가적으로 많은 고민과 과제를 남긴 지난해였다. EU와 미국 등 거대 경제권과의 자유무역협정(FTA)의 비준과 이행은 농어업계의 가장 큰 어려움이었고 극복해야 할 과제였다.

한-EU FTA가 7월부터 발효되었고, 한미 FTA도 금년초부터 발효될 것이다. 유럽과 미국 등 거대 시장과의 본격적인 경쟁이 시작되고 본격적인 개방의 시대에 직면하게 된다.

FTA로 이익을 보는 분야도 있고 피해를 보는 산업도 있다. FTA에 따른 이익을 최대화하고 손실을 최소화하는 것이 핵심과제이며, 이를 위해 농어업계뿐만 아니라 각계가 머리를 맞대야 한다.

정부는 농어민의 피해를 최소화하기 위해 피해보전직불제 등 단기 피해보전 대책과 중장기 대책을 발표한 바 있다. 그러나 어떠한 피해 보전 대책보다 중요한 것은 우리의 자세와 마음가짐이다. 결론적으로 어떠한 FTA가 체결되어도 우리 농어업은 죽지 않는다. 피해는 극복할 수 있고 과거의 개방 경험에도 잘 나타나 있다.

한미 FTA를 앞두고 가장 우려되던 분야가 농수축산업이었다. 그러나 FTA로 관세가 인하되면 해외 농산물 수입도 늘어나겠지만 우리 농식품의 수출도 늘어나고 수출시장도 커진다는 점을 분명히 인식해야 한다. 좋은 예가 바로 중국 시장이다.

중국은 고추, 마늘, 콩 등 우리가 수급구조적으로 부족한 농산물을 들여오는 수입국이다. 반면에 중국은 우리나라의 핵심 수출국이고 앞으로 무궁무진한 가능성을 가진 시장이다. 2010년 우리 농식품의 대중국 수출액은 7억 8천만 달러였으나 2011년에는 53% 이상 급증한 12억 달러를 기록한 것으로 집계됐다. 유자차, 버섯, 인삼 등 중국 현지에서 선호하는 품목을 적극적으로 발굴하고 수출하여 13억 인구의 거대시장을 공략한 결과이다.

농식품 전반에 걸쳐 수출증대는 괄목할 만하다. 우리나라 농식품 수출은 최근 몇 년 사이 급속한 성장을 보이고 있다. 1988년 처음으로 30억 달러를 넘어선 농식품 수출은 20년만인 2008년에 40억 달러를 돌파했다. 10억 달러를 늘리는데 꼬박 20년이 걸린 셈이다.

그러나 2009년에서 2010년까지는 단 1년만에 11억 달러가 증가했다. 그리고 2011년 11월에는 사상 최초로 60억 달러를 넘겼으며, 연말까지 수출액이 사상 최고치인 75억 달러에 이른 것으로 잠정 집계됐다. 김치 수출은 7년만에 다시 1억 달러를 넘겼고, 인삼과 막걸리 등 수출효자품목도 사상 최대치를 경신했다.

FTA로 관세가 인하되면 라면 등 면류와 인삼, 김, 과실류, 제과류, 막걸리 등 우리 농식품 전반에 걸쳐 수출 증대 효과가 예상된다. 농수산물유통공사는 앞으로도 인접한 중국, 일본, 아세안 국가들은 물론 미국, 유럽, 남미 등 각국의 소비자 기호를 분석하고 수출 가능성이 높은 유망 품목을 적극 발굴하여 우리 농식품 수출을 증대시킬 계획이다.

농식품의 해외시장 개척이 쉽지만은 않다. 고품질의 농산물 생산에서부터 유통, 식품안전 등 전 과정에서 철저한 품질관리가 되어야 하고,

현지 유통시장에 대한 치밀한 조사와 참여전략도 필요하다.

필자는 과거 우리가 FTA를 맺은 EU의 프랑스와 미국에서 근무한 경험이 있다. 이들 국가에서 얻은 교훈은 선진국은 튼튼한 농업 강국이고 농업은 수출 중심으로 구축되었다는 점이다.

이제 본격적인 FTA 시대의 막이 오른다. 위기에 어떻게 대응하느냐에 따라 도약할 수도 있고, 도태될 수도 있다. FTA를 위기로 간주하고 두려워한다면 세계 시장과의 경쟁에서 영원히 도태될 것이나, 철저한 전략을 세워 적극적으로 공략한다면 수출은 크게 확대될 수 있고 우리 농어업은 한 단계 도약할 것이다.

2012년도 우리 농식품의 수출목표는 100억 달러이다. 농식품 100억 달러 수출은 경제적 효과를 넘어 우리 농어업에 자신감을 불어넣고 농림수산식품 산업의 기반을 튼튼하게 만드는 큰 의미가 있다. 우리 농식품은 세계시장과 경쟁할 수 있는 능력을 키워왔다. 이제 자신감을 가지고 당당히 세계 시장으로 진출하자. FTA는 마음먹고 준비하는 정도에 따라 우리 농식품 분야에 새로운 기회를 열어줄 것이다.

| FTA소식 2012.01.02

푸른농촌 희망찾기 프로젝트

신 농업혁명을
일으키자

8

다가오는
신농업혁명
시대

신 농업혁명과
제2의 도약

녹색혁명과 제2의 새마을운동으로 농업위기 돌파해야

최근 농업 분야가 총체적 위기에 직면해 있으므로 '제2의 새마을운동'을 추진해야 한다는 주장이 제기되고 있다. 가난과 배고픔을 1970년대의 통일벼 개발을 통한 식량자급으로 극복하였고, '근면·자조·협동'의 새마을운동으로 농촌을 변화시켰기 때문이다.

새마을운동의 성공 요인 가운데 '잘 살 수 있다'는 자신감이 가장 중요하였다고 여겨지나, 연구개발과 기술혁신을 통한 녹색혁명도 빠뜨릴 수 없는 요인이다. 세계 유례 없는 짧은 기간에 달성한 우리나라의 식량자급은 세계적 성공 모델이었으며 최근까지 국제사회에서 거론되고 있다.

우리 농업의 위기를 돌파하고 새로운 미래를 열기 위해서는 녹색혁명과 새마을 정신을 되살린 신농업혁명이 필요하다. 신농업혁명은 1990년대 초 존 이커드 미국 미주리대 교수가 미국의 신농업혁명(The New American Agricultural Revolution)에서 주장한 이후 종자, 비료, 농약, 농기계 등 여러 분야에서 많은 성과를 나타냈다. 미국은 연구개발과 기술혁신으로 세계 최강의 농업 국가가 된 것이다.

신농업혁명은 최근 당면한 기후변화에 대처하기 위해서도 조속히 추진돼야 한다. 우리나라의 기후변화 영향은 어느 나라보다 크고 광범위하다.

지난 100년간 지구 전체 평균기온이 0.75℃ 상승하였으나 우리나라는 1.5℃나 올랐다. 강수량은 100년간 17%, 해수면은 43년간 8㎝ 상승했다. 국립기상연구소의 기후변화 전망에 따르면 2050년까지 기온이 3.2℃ 더 상승하고 강수량은 15.6% 증가하며, 해수면은 27㎝ 높아질 것으로 예측된다. 이미 농작물의 재배 적지가 이동하고 있고 각종 병해충 피해도 심상지 않다.

2050년에는 내륙을 제외한 전국이 아열대가 되어 봄·여름이 길어지고, 봄과 가을에도 호우 피해가 예상된다. 2011년에도 이상 기후로 쌀 6050억 원, 채소·과실류 8230억 원 등 총 25개 산업에 걸쳐 3조 4390여 억 원의 손실이 발생했다. 유엔미래포럼(The Millennium Project)의 제롬 글렌 회장도 최근 '기후변화 문제 해결을 위한 10가지 방법'을 통해 신농업혁명을 강조하고, 향후 5년 내에 해수농업과 동물 없는 육류생산 시대가 올 것으로 예측했다.

우리가 지향하는 생산, 가공, 관광 등 농산업의 6차 산업화도 기술혁신에 바탕을 두고 있다. 일본 정부가 2011년 제정한 '농업·농촌 6차 산업화법'도 상당 부분이 기술 개발을 통한 농업의 새로운 가치를 강조한다. 기후변화는 우리에게 위기이자 기후산업을 발전시킬 기회이기도 하다. 농업 분야의 기술혁신은 어떤 산업보다 효과적으로 기후변화에 대응할 수 있다. 바닷물을 이용한 해수농업, 태양광 인공위성을 통한 에너지 확보, 소리와 빛을 이용한 병해충 퇴치 등 농업 분야의 기술혁신은 기후변화와 밀접한 관계를 가진다. 물 부족, 환경오염, 재생에너지 개발 등 기후 관련 산업은 조만간 최대 산업으로 부상할 전망이다.

첨단 과학기술과 융복합을 통해 기후산업을 발전시켜 농산업의 새로운 미래를 열어야 한다. 다가오는 수자원, 에너지, 식량 위기에 대비하여 농업기술 개발을 통해 '제2의 녹색혁명'을 이룩해야 한다. 우리나라는 기술 분야에서 검증된 성과와 무한한 발전 가능성을 가지고 있다. 세계적으로 한국의 기술 농업이 널리 알려져 있고 개발도상국을 중심으로 러브콜이 이어지고 있다. 농촌진흥청에서 세계 15개국에 설치한 해외 농업기술센터(KOPIA)는 글로벌 시대 선·후진국 간 기술협력의 대표적인 성공사례이다.

　기술혁신에 바탕을 둔 제2의 농업혁명을 이루어야 당면한 농업경영비 절감이나 지속가능한 축산업을 실현시킬 수 있다. 여기에 농업과 수산업의 신성장동력화와 녹색 복지 등을 통해 우리 농업이 한 단계 도약할 것이다. | 서울신문 2013.02.04

식량위기와 제2의 녹색혁명

연구 개발과 농업기반 재정비로 식량안보 구축해야

최근 기상이변과 작황 부진으로 곡물가격 상승이 우려된다. 2010년 곡물가격 상승에 이어 올해(2012년)도 6월 중순 이후 이상기후에 따른 작황 부진으로 인해 옥수수·대두 등 국제곡물가격이 상승하고 있다.

세계 최대 옥수수 생산지역인 미국 중서부 콘벨트 지역은 50년만의 가뭄과 이상고온으로 곡물 생산이 감소하고 가격이 상승하고 있다. 브라질과 러시아·중국 등 주요 곡물수출국도 가뭄과 폭염으로 밀·대두 등의 생산량이 감소했다.

농산물 생산 감소와 가격 인상은 전세계적으로 애그플레이션 (Agflation)을 유발하고 물가 상승과 함께 경기침체를 가져온다. 또 식량수급 불안은 특정 국가에만 영향을 미치는 것이 아니다. 2010년 최악의 가뭄이 발생하면서 러시아는 밀 수출금지 조치를 내렸고 중국과 브라질 등 많은 나라가 식량 수출을 제한한 결과 세계 경제에 많은 혼란을 가져왔다. 식량 수급 불안은 폭동이나 사회분란, 정권교체, 국제 경기침체 등 도미노 현상을 일으킬 수 있다.

우리나라는 세계 5위의 곡물수입국이다. 지난해 수입량은 1천 422만t, 금액은 53억 달러에 이른다. 많은 곡물수입으로 인해 곡물자급률은 26.7%로 경제협력개발기구(OECD)중 최하위 수준이다. 다행히 우리의 주식인 쌀은 생산과 공급 여력이 충분하기 때문에 국제 곡물가격 상승 시 바로 쌀 가격 상승으로 이어지지는 않을 것이다. 품종 개량, 기술개발, 경지정리, 관배수 시설확충 등 전반적인 농업 분야에 대한 안정생산 기반이 구축되었기 때문이다.

그러나 쌀을 제외하면 기타 곡물의 자급수준은 평균 3.7%에 불과하다. 문제는 사료곡물이다. 조사료의 국내 공급비율이 낮아 많은 물량의 사료곡물을 해외 수입에 의존하고 있다. 동서고금을 막론하고 식량의 안정적 확보야말로 예로부터 가장 주요한 국가적 과제였다. 공자는 정치의 기본을 '식량을 풍족히 하는 것(足食)'이라고 강조하였다. 정조는 화성 주위의 땅을 개간하여 대규모 국영농장을 만들고 수원 외곽에 대규모 저수지 만석거(萬石渠)를 파는 등 농사를 중요시했다.

식량위기는 오래전부터 예고되었다. 인구학자인 토머스 맬서스는 1798년에 《인구론》을 통해 "식량은 산술급수적으로 증가하는데 인구는 기하급수적으로 증가한다"고 식량위기를 예견했다. 최근까지도 많은 학자들이 인구 증가에 대비한 식량위기를 경고하고 있다. 문제는 식량위기 상황에 알맞은 대책을 세우는 것이다.

식량위기는 극복할 수 있다. 종자 개량, 재배여건 개선 등 기술 혁신과 경지면적 확충, 생산기반 구축 등을 통해 식량 부족을 해결할 수 있다. 미국 농업학자인 노먼 볼로그는 밀 종자 개량을 통해 농작물 생산량을 획기적으로 증대시켜 개발도상국의 식량혁명을 이뤄냈다. 우리도 1970년대 통일벼 개발을 통해 쌀 생산을 획기적으로 증대시키고 고질적인 보릿고개를 극복한 경험이 있다.

최근 국제적인 식량위기가 우려되면서 '제2의 녹색혁명'이 필요하다고 한다. 기상이변이 속출하고 곡물 수요가 급등한 상황에서 제2의 녹색혁명으로 안정적인 먹을거리를 확보하는 것은 다가오는 통일에 대비해 7천만 민족의 명운을 위해서도 필요하다. 연구 개발과 기술혁신에 더욱 매진하고, 농업기반을 재정비하여 식량안보를 구축해야 한다. 국내 상황이 어려우면 해외 식량기지도 개발해야 한다.

한국농수산식품유통공사(aT)는 지난해 민관 합동으로 미국 시카고에 AGC(aT Grain Company)를 설립했다. 곡물가격 상승과 식량위기에 대응하기 위해서다. 국제 곡물사업은 진입장벽이 높고 천문학적인 자금과 시설투자가 필요하며, 전문인력 양성 등 종합적인 역량 강화가 필요하다. 공사는 곡물사업의 중요성을 감안, 단기실적에 얽매이지 않고 다양한 방안을 추진할 것이다.

우리는 녹색혁명을 통해 식량자급을 이뤄냈고 경제발전의 토대를 닦았다. 이제는 제2차 녹색혁명을 통하여 국가안보를 지켜나가야 한다. 제2의 녹색혁명을 위해 국민적 지혜를 모으자. | 경인일보 2012.10.04

신농업혁명에 나서야할 때

농업이 첨단과학기술과 결합해 지구촌 위기 해결 첨병된다

　지구촌 위기를 극복하고 미래 변화에 대비하기 위해 농업과 농촌 분야가 신농업혁명으로 해결책을 찾아야 한다는 주장이 제기된다. 존 이커드 미국 미주리대 교수는 1990년대에 첨단기술 발전으로 신농업혁명이 일어난다고 했으나 크게 주목받지 못했다. 최근 기후변화, 식량위기, 물부족, 환경오염이 지구촌 과제로 다가오자 농업과 농촌 부문 주도로 해결책을 찾아야 한다는 논의가 활발하다. 특히 유엔 미래포럼의 제롬 글렌을 비롯한 많은 미래학자들도 기술혁신을 통한 신농업혁명을 강조하고 있다. 식량과 에너지, 물 자원을 종합적으로 다루는 농업이 첨단과학기술과 결합돼 지구촌 위기를 해결할 수 있다는 것이다.

　세계적인 대기업들도 농업을 미래 신성장동력으로 삼고 농촌 자원과 농작물을 활용한 고부가가치 상품 개발에 앞장서고 있다. 듀폰이나 몬산토가 농작물을 이용한 신소재 개발에 열을 올리고, 카길은 콩 단백질을 이용한 다양한 제품을 만들고 있으며 바이오 플라스틱 기술도 개발했다. 지난해(2009년) 말 세계인을 두려움에 떨게 한 신종 플루 치료약 성분이 팔각회향이라는 식물 재료라는 사실을 아는 사람은 많지 않다. 농작물이 새로운 소재산업으로 대두하자 투자가 늘어나고 고급인력이 몰려오고 있다.

　우리 농업도 이미 쌀 중심의 식량생산 연구를 넘어 다양한 건강 기능성과 신소재 개발에 역점을 둔다. 전통 육종기술에 생명공학을 가미한 신품종을 개발하고 쌀, 콩, 버섯, 돼지 등 농축산물과 천적, 곤충, 음파, 바닷물, 미생물 등을 이용한 노화 억제, 면역력 강화, 식의약 성분 등 신소재 개발 연구가 활발히 이뤄지고 있다.

누에고치에서 비단옷을 생산하는 잠업을 넘어 지난해에는 인공고막을 생산했고 5조 원대에 이르는 인공뼈 연구에 들어갔다. 2100억 달러에 이르는 세계 생물산업 시장은 블루오션으로 우리 농산업의 새로운 희망과 비전을 제시한다.

필자는 과거 미국 워싱턴DC 소재 한국대사관에서 농무관으로 근무하면서 최강국인 미국 농업을 연구했다. 많은 정책당국자, 농기업가, 연구자들과 논의하면서 내린 결론은 농업 문제는 다면적이기 때문에 한두 가지 정책으로 성공할 수 없으며 농업생산성 향상과 이를 위한 연구개발이 핵심이라는 점이다. 지난 40년간 미국 농업생산성 향상의 50%가 농업 연구개발을 통해 이뤄졌다는 연구 결과가 이런 결론을 뒷받침한다.

한국은 세계 유례없이 짧은 기간에 통일벼 개발로 식량 자급을 이룩했다. 지금은 아시아·아프리카 지도자들이 한국 농업을 배우기 위해 앞다퉈 방문할 정도로 성공신화를 창조했다. 그럼에도 한국 농업 발전을 위해 생산, 유통, 소비, 연구개발 등 다뤄야 할 과제는 많다. 최근 연구 결과에 따르면 농업 연구개발은 농업 국내총생산(GDP) 성장에 22.3%, 농업생산성 증대에 26.0% 기여한 것으로 나타난다. 인구, 식량, 물, 기후변화 등 지구촌 위기에 대응하고 미래 성장동력을 창출하기 위해서도 농업 연구개발과 기술혁신에 더욱 매진해야 한다. 농업 강국을 향한 신농업혁명으로 한국 농업의 미래를 가꿔나가자. | 매일경제 2010.08.09

제2차 녹색혁명을 꿈꾸며

첨단 녹색기술로 농업의 미래 열어나가야

우리 머릿속에는 길쭉하고 맛없는 안남미를 먹은 기억이나 추석 차례 상에 올라온 작고 시퍼런 사과나 곰팡이를 걷어내고 먹었던 시어빠진 봄철 김치를 먹은 경험이 생생하다. 먹고 살기 어려운 시절이라 그나마 맛있게 먹은 것으로 기억된다.

이러한 과거 추억은 이제 거의 사라졌다. 식어도 잘 굳지 않고 세계 최고의 밥맛을 자랑하는 쌀, 사시사철 맛 볼 수 있는 달고 예쁜 붉은 사과, 봄과 여름철에도 김치를 담을 수 있는 신선한 배추 등이 즐비하다. 우리 농업기술이 발달되었기 때문이다. 우리나라는 여름철에 비가 많아 식물 병이 많이 발생하고 겨울은 길고 추워 농작물 생육기간이 짧고 동해를 받기 쉽다. 이런 불리한 환경속에서 우리 농업은 엄청나게 발전하였으며 이제 국제적으로 주목받고 있다. 그 중심에 쌀 생산, 재배, 수확, 보관 및 저장기술이 자리잡고 있다.

농촌진흥청은 1977년 통일벼의 개발로 민족의 숙원이었던 보릿고개를 극복하고 식량자급을 이루었다. 통일벼 개발로 주곡자급을 이룬 성과를 녹색혁명(Green revolution)이라고 불렀고, 작물의 계절성을 타파하고 사시사철 신선한 채소를 생산 공급한 성과를 '백색혁명'이라고 하고 있다. 교육과학기술부에서 지난해 대한민국을 발전시킨 10대 기술 중 가장 우선에 통일벼 개발을 두었다. 지난해 일반벼의 수확량도 단보당 534kg으로 통일벼의 2배 가까운 수확량을 내었고 품질도 향상되었다. 한국의 식량생산 기술은 세계적인 성공 모델이라고 미국 오바마 대통령도 강조하였다. 우리의 앞선 농업기술을 자국에 전수해달라는 외국 고위인사의 농촌진흥청 방문이 이어지고 있다. 이러한 농업기술의 성공신화 뒤에는 농민의 땀과 농업 과학자들의 사명감과 헌신적인 노력이 있었기 때문이다.

우리 농업과 농촌은 고령화, 수입 농산물 증대, 기상이변 등으로 상당한 어려움에 처해 있다. 그러나 우리는 극복할 능력과 의지가 있고 한 단계 더 도약해야 한다. 지구온난화로 인하여 자원과 에너지, 환경에 대한 중요성은 더욱 증대된다. 환경위기를 극복하고 새로운 성장 동력을 갖추기 위해서 녹색기술이 강조되고, 농업 녹색기술이 신성장 동력을 창출하는 데 크게 기여하고 있다. 농촌진흥청이 안정적인 식량 생산기술을 토대로 해서 농약과 비료 없는 농사기술, 친환경 저탄소 농업기술, 기후변화 대응기술 등을 역점 개발 중에 있는데 이러한 녹색기술 개발을 통해 제2의 녹색혁명을 이루고자 한다.

농업 녹색기술의 개발과 보급에는 농촌진흥청이 중심적 역할을 한다. 농작물을 이용하여 바이오 에너지를 생산하고, 고부가가치 의약 신소재를 만들어 내며, 돼지를 이용 인공장기를 생산하고, 가축분뇨를 자원화하고, 다양한 생물자원을 이용하여 고부가가치를 만들어 내는 등 농업 분야의 새로운 시장은 무궁무진하다. 누에고치를 이용하여 인공고막을 만들어 내었고 조만간 5조 원 규모에 이르는 인공뼈 개발도 이루어질 전망이다. 경쟁력 있는 수출 농산물을 생산하여 개방화 시대에 해외시장도 개척할 것이며 한식 세계화를 위한 기초 기반도 구축할 것이다.

농업은 이제 1차 산업을 넘어 2차 가공산업, 3차 관광과 어메니티 등을 포함하는 6차+α산업으로 발전해간다. 농작물을 이용한 다양한 융복합 기술이 각광을 받고 있고 최첨단 산업으로 전환되기 때문에 선진국도 농업을 재 강조하는 것이다.

미국 오바마 대통령은 '농업은 도전을 겪는 동시에 막대한 경제적 기회 앞에 서 있다'고 하고, 프랑스 사르코지 대통령은 '농업은 미래를 여는 열쇠다'라고 하였다. 투자의 귀재라고 불리는 짐 로저스는 '농업은 향후 가장 잠재력이 높은 산업 중 하나이며, 향후 20년간 가장 선망되는 직업은 농부가 될 것이다'라고 한다. 농업발전 없이 선진국 진입이 어렵다고 노벨 경제학상을 받은 쿠즈네츠 박사가 강조하였다.

제1차 녹색혁명으로 식량자급과 산업화 터전을 갖춘 우리 농업이 이제 '2차 녹색혁명'을 이룩하여 명실상부한 선진국 진입을 활발하게 이룩할 전망이다. 농업과 농촌에 대한 깊은 관심과 국민적 지원을 부탁드린다. | 대구일보 2010.04.01

Chapter

9

식품산업에서
희망을 찾자

| 식품기업을 발전시키자 |

| 먹거리 한류 전통 소스 식품 |

| 식품산업 경쟁력 과학이 답 |

식품기업을
발전시키자
농업인의 소득증대 및 지역경제 활성화와 직결돼

식품산업의 중요성은 아무리 강조해도 지나치지 않다. 세계 식품산업 규모는 2010년 기준으로 5조 2천억 달러에 이르며 정보기술이나 자동차산업보다 규모가 크다. 세계 미래학계 10대 석학으로 손꼽히는 미래학자 짐 데이토 교수는 미래 식품산업이 항공우주산업보다 더 각광받게 될 것이며, 앞으로 식품산업이 타 산업과의 경쟁에서 승리하게 될 것이라고 전망한다. 식품산업은 원료가 되는 농수산물의 생산자인 농업인의 소득증대는 물론 가공, 저장, 마케팅, 수출입, 연구개발 등 관련 산업의 발전 및 지역경제 활성화와 직결된다.

우리 농업 발전을 위해서 식품산업이 성장해야 하며 식품산업이 발전하기 위해서는 식품기업이 발전해야 한다. 지난해 우리나라 농식품의 수출액은 77억 달러이다. 농식품 수출의 최선두에 식품기업이 있고, 농업과 식품산업의 연계가 중요시되는 것도 이 때문이다.

우리나라의 식품시장 규모는 2010년 기준으로 133조 원에 이르며, 종사자는 177만 명에 이른다. 그러나 식품제조업체 5만 5천여 개 가운데 종사자수 10인 미만 업체가 전체의 93%를 차지할 정도로 영세한 곳이 대부분이다. 종사자수 100인 이상인 업체는 0.6%에 불과하다. 매출규모도 영세하다. 매출액 기준 연간 1천억 원 이상의 실적을 나타내는 식품기업은 3.5%에 불과하다.

경기도에 위치한 식품제조업체는 8천 400여개이고 종사자 숫자는 6

만 1천여 명에 이른다. 적지 않은 숫자이고 지역경제와 직결되는 주요한 위치를 차지한다. 최근 우리나라 식품산업이 연간 10% 가까운 성장세를 보이고 있다는 것을 감안하면 경기도 식품산업도 빠르게 성장할 것으로 예상된다. 도내 식품산업의 발전을 이어가기 위해서는 원재료 조달, 마케팅, 품질관리, 연구개발 등 전반에 걸친 지원이 필요하며 특히 양적·질적 성장에 알맞은 맞춤형 컨설팅이 뒷받침되어야 한다.

최근 식품기업을 방문하면서 느낀 점은 기업실정에 알맞은 컨설팅이 필요하다는 점이다. 시장을 선도할 수 있는 상품을 끊임없이 개발하고 홍보 및 마케팅, 체계적인 인력양성이 필요하다. 대기업에 비해 조직이나 자금, 정보력이 부족한 중소업체가 독자적으로 추진하기에 어려움이 많다.

한국농수산식품유통공사는 국내 농식품기업의 경쟁력 강화를 위해 농수산식품기업지원센터를 출범하였다. 기업지원센터에서는 식품·외식기업에 대한 컨설팅, 교육, 수출마케팅, 자금 연계지원 및 정보제공, 유관기관과 네트워크 구축 등 종합적인 역할을 수행한다. 올해 3월부터는 식품기업의 애로사항을 보다 체계적으로 지원하기 위해 학계, 협회, 업계 전문가로 구성된 'K-Food 기업지원단'을 운영하고 있다.

식품기업지원센터에 접수되는 식품기업의 애로사항은 해썹(HACCP)이나 유기농 등 인증 관련 사항부터 인터넷을 통한 홍보나 마케팅 전략, 신상품 개발, 해외 수출시장 동향 등 매우 다양하다. 식품기업지원센터에서는 전화 및 방문 상담창구를 마련해 놓고 있지만, 사실 한계가 많다. 전화통화로는 업체가 원하는 사항을 정확하게 파악하고 자세히 답변해 주기 어렵다. 또 직원수가 적은 영세업체로서는 방문상담을 위해

센터까지 찾아오려면 시간적 손실이 너무 크다.

이에 따라 경영, 기술, 수출 분야의 전문가들로 구성된 기동반이 전국의 중소식품기업을 직접 찾아가서 기업상담, 진단, 처방, 사후관리 등을 종합적으로 지원하는 현장기동상담을 시작했다. 지난 7월 첫 번째 현장상담회를 경기도 가평에 위치한 전통주 업체에서 개최했다. 직접 현장에서 만나본 식품기업의 애로사항과 고충은 예상했던 것보다 훨씬 다양했다. 단기간 급성장으로 인한 조직관리, 수출시장의 일본 편중에 따른 신규시장 개척, 통관문제 등 행정적인 애로사항을 비롯해 품질 안정화, 품질관리 시스템 도입 등 기술적인 부분까지 심층적인 상담이 필요한 내용들이었다.

앞으로 현장상담회가 활성화되어 맞춤형 컨설팅을 받는 중소식품업체가 늘어나면 경기도 식품업계의 경쟁력도 크게 높아질 것이라 확신한다. 학계, 연구기관, 지방자치단체, 업계가 머리를 맞대어 경기도 식품산업 발전에 힘쓰자. 경기도 식품산업 발전이 대한민국 농업 살리기의 기초가 되기 때문이다. | 경인일보 2012.09.06

먹거리 한류
전통 소스 식품
대학민국식품대전에서 다시 확인된 한국 식품의 가능성

　대한민국 식품의 과거와 현재, 미래를 확인시켜 주는 2012 대한민국
식품대전(KFS)이 지난 (2012년 5월) 8~11일 나흘 동안 경기도 일산 킨
텍스에서 개최돼 성공리에 막을 내렸다. 역대 최대 규모로 치러진 이번
대한민국식품대전은 여러 가지 면에서 한국 식품의 가능성을 확인해 주
었다.

　우선 국내 240개 수출업체와 20개국 150여 명의 해외 바이어가 참가
한 수출상담회 바이 코리안 푸드(Buy Korean Food;BKF)는 한국 식품
의 입지(立地)와 세계화 가능성을 확인시켜 주었다. 올해 BKF는 4500
만 달러의 상담실적을 거두었다. 예년의 수출상담 실적이 3100만 달러
수준이었음을 감안하면 올해는 규모나 실적면에서 상당한 효과가 있었
음을 알 수 있다. 일본과 중국 등 전통적인 주요 수출국뿐만 아니라 미
국·태국·싱가포르 등 신흥 수출 대상국의 관심이 높았다는 점도 수출시
장의 저변 확대를 확인시켜 주었다.

　2009년 이후 8% 이상의 지속적인 성장을 거듭하고 있는 한국의 식품
산업은 올해는 수출 100억 달러를 목표로 달려가고 있다. 그러나 양적
확대에 비해 질적 변화가 부족하다는 지적도 있다. 그동안 한식과 식품
산업에 대한 지적과 비판을 극복하기 위해서는 우리 식품산업의 현재를
냉철하게 진단하고 미래를 모색하는 장으로서 큰 의미를 부여하고 싶다.

　식품이나 기자재뿐만 아니라 스토리가 있는 전시를 통해 한국의 식문

화를 재조명하는 기회도 되었다. 박람회 기간 중에 가장 큰 관심을 얻었던 것은 종자장(醬)이라는 새로운 개념이다. 종자장은 식물의 씨나 동물의 품종처럼 씨앗이 되는 종자음식을 가리킨다. 장류(醬類)는 한국을 대표하는 발효식품이자 한국 식문화의 근간이다. 최대 350년의 역사 동안 대대손손(代代孫孫) 장의 영양소와 향미를 지켜온 국내 명가와 종가, 농가 등의 장을 단순한 음식 차원에서 접근하는 게 아니라, 생산 및 유통을 뒷받침하기 위한 목적으로 만들어졌다.

박람회 기간에 '한국 식품산업의 세계화'를 위한 아시아식품포럼을 시작으로 다양한 포럼과 콘퍼런스도 열렸다. 한·중·일 3국의 자유무역협정(FTA)이 논의되고 있는 시점에서 FTA에 대응한 식품산업 전략과 문화 콘텐츠로서 한식 세계화의 새로운 방향을 제시했다.

올해 대한민국식품대전은 주관 기관의 통합 효과를 나타낸 행사이기도 하다. 전통적인 음식이나 식품기자재 산업뿐만 아니라 국내 유통업체와 식품기업, 식품 관련 업체를 비롯해 해외 대형 유통업체, 해외 바이어들이 한자리에 모여 '집적 효과'를 최대화했다. 특히 소관 부처를 달리하는 서울국제식품산업대전과 통합 개최돼 식품산업의 기업-소비자 거래(B2C)와 기업간 거래(B2B)가 한자리에서 이뤄지는 논스톱 식품박람회로서 발판을 마련했다.

행사가 평일에 개최된데다 도심에서 거리가 멀어 일반 관람객이 적을 것이란 우려도 있었으나, 7만 6000여 명이 방문해 우리 식품의 가능성을 체험했다. 서로 다른 기관에서 출발한 행사를 처음으로 하나로 통합하다 보니 어려움도 있었다. 이제 행사 주최 단체들이 머리를 맞대고 올해 성과를 평가하고 향후 과제를 논의해야 한다. | 문화일보 2012.05.23

식품산업 경쟁력 과학이 답

식품산업을 국가의 신성장동력 산업으로 인식해야

　미국의 시사주간지 US뉴스 & 월드리포트는 최근호(2012.05)에서 유망직종 취업에 유리한 6개 대학 전공으로 소비자과학과 포장산업 등과 함께 식품과학(Food Science)을 꼽은 바 있다. 이는 식품과학을 통해 각종 식료품과 음료수·의약품 등을 다양하게 개발할 수 있기 때문인 것으로 분석된다.

　잘 알다시피 식품산업은 고도의 과학이다. 식품을 구성하고 있는 여러 가지 요소들의 결합만으로도 하나의 과학이지만 다양한 기술과의 융합을 통해 새로운 산업으로 발전할 수 있다는 점에서 다른 어느 분야보다도 훨씬 과학적이라 할 수 있다.

　특히 식품산업은 원료의 생산 및 가공·저장·처리·포장에서부터 유통·소비·마케팅에 이르기까지 전 과정과 연계돼 있다. 따라서 생물학, 화학, 물리학은 물론 영양학, 산업공학, 심지어 사회과학과 경영학 등과도 떼려야 뗄 수 없는 관계다. 최근 식품산업은 생명공학(BT)과 나노기술(NT), 환경공학(ET), 우주환경(ST) 등 각종 최첨단 과학기술의 융복합체로 발전하고 있는 추세다.

　이런 점에서 식품의 과학화에 대한민국 식품산업의 미래가 달려 있다고 해도 과언이 아니다. 이제는 배고픔을 극복하는 소재로서의 식품이 아니라 미래의 고부가가치 첨단과학이라는 점에서 식품산업을 재조명할 필요가 있다고 본다. 따라서 국가적 차원에서 식품산업을 발전시켜야 하며 이를 위해 몇 가지 대안을 제시해 보고자 한다.

첫째, 식품산업을 국가의 신성장 동력산업으로 인식해야 한다. 우리나라 식품분야의 연매출액은 142조 원, 고용규모만 해도 188만여 명에 이른다. 이러한 식품산업을 더욱 더 양적으로 확대해야만 한다. 세계 식품산업의 규모는 정보기술(IT)이나 자동차, 철강산업보다도 훨씬 크다. 우리나라 식품산업도 지속적으로 성장하고 있으나 세계 식품산업의 성장속도에는 미치지 못하고 있다. 혁신적인 신제품 개발과 가공을 통해 부가가치가 증대되고 관련 업종의 일자리도 창출된다.

둘째, 국민의 삶의 질 향상을 위해서 질적인 전환을 해야 한다. 먹거리는 이제 단순한 의식주 차원의 문제가 아니다. 건강과 안전, 웰빙에 대한 관심이 높아지면서 건강한 삶을 위한 식품의 중요성이 더욱 강조되고 있다. 지난해 과학기술정책연구원(STEPI)이 '생활 밀착형 과학기술에 대한 국민수요 조사'를 실시한 결과, 우리 국민은 식생활 영역에서 과학기술이 가장 필요하다고 응답했다. 식품의 과학화, 과학의 식품화가 전방위적으로 구축돼야 하는 명백한 이유다.

셋째, 날로 다양해지고 있는 식품과 과학의 만남, 예컨대 푸드 컨버전스(Food Convergence)에서 우리가 선도적 위치를 확보해야만 한다. 생명공학기술을 바탕으로 한 바이오식품을 비롯해 의약품, 신소재 등 나노기술을 기반으로 한 신가공 기능성식품 그리고 환경공학 기술로 이뤄지는 친환경 재배기술, 나아가 우주환경에서도 먹을 수 있는 우주식품 개발까지 푸드 컨버전스의 영역을 더욱 확대할 필요가 있다.

이런 차원에서 지난 8일부터 4일간 경기 일산 킨텍스에서 개최된 KOREA FOOD SHOW 2012(KFS)는 주목을 끌었다. 이번 전시회는 아시아 최대 규모의 식품박람회로 푸드 컨버전스의 미래를 한눈에 조망할 수 있었다.

대한민국 식품, 즉 K-Food는 이제 아시아와 미국, 유럽까지 새로운 한류 열풍을 일으키고 있다. 건강하고 안전하며 유구한 역사를 지니고 있는 대한민국 식품이 이제는 과학과의 만남을 통해 새로운 시장을 개척하고 국민의 먹거리를 접목시켜 미래 융복합산업으로 경쟁력을 얻고 있다. 아무쪼록 이번 KFS가 대한민국 식품산업의 우수성과 가치를 재발견할 수 있는 좋은 기회가 되었기를 간절히 희망한다.

| 파이낸셜뉴스 2012.05.16

Chapter

10

수출 농업으로
도약하자

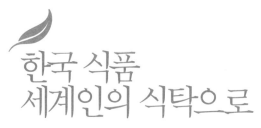

한국 식품
세계인의 식탁으로

음식 한류로 농업 경쟁력 키우자

'최선의 수비는 곧 공격'이란 말이 있다. 방어 위주의 소극적 자세를 버리고 적극적으로 공세를 취해야 상대의 공격을 무력화하고 주도권을 확보할 수 있다는 뜻이다. 바로 공세이전(攻勢移轉) 전략이다.

우리 농업 분야는 거의 전쟁 같은 위기상황이다. 쓰나미 같은 시장개방 추세, 세계적인 식량위기, 기후변화, 노동력 부족, 생산비 상승 등 모든 여건이 어렵기만 하다. 미국 유럽연합(EU) 등과 맺은 자유무역협정(FTA) 성과를 평가하기는 아직 이르고 넘어야 할 고비도 많다. 그러나 우려했던 것과 달리 한국 농식품의 수출 가능성을 확인한 것만은 분명하다.

한국 농식품 수출액은 지난해 80억 달러를 넘었다. 세계경제 침체 속에서 선전했다고 평가할 수 있다. 해외 대형 유통업체에 한국 식품 입점을 늘리고, 한류 열풍과 연계한 문화행사 등을 통해 공격적인 마케팅 활동을 벌인 덕이다.

좋든 싫든 우리나라는 글로벌 시대에 깊숙이 들어서 있다. 시장개방에 따른 피해는 불가피하지만 좌절하거나 두려워하고만 있어서는 안 된다. 우리의 수출시장도 넓어진다는 자신감을 갖고 수출 확대에 적극 나서야 한다. 우리나라는 1977년에 국가 전체 수출이 100억 달러를 넘어선 이후 세계 8위의 무역 강국이 됐다. '우리도 할 수 있다'는 자신감을 심어준 게 무역이다.

이제 농식품 수출을 통해 우리 농업과 식품업계에 자신감을 불어넣을 때다. 우리 식품을 세계시장에 진출시키기 위해서는 품질 향상과 디자인, 포장 개선 등 해야 할 일이 많다. 해외시장의 변화에 탄력적으로 대응하지 못하면 살아남기 어렵다.

지난해 한국 식품의 대일본 수출은 24억 달러로 전체 식품 수출액의 약 30%를 차지했다. 일본의 경기침체나 엔저 현상, 양국 간 정치외교적 현안 등 수출여건은 좋은 편이 아니다. 대중국 수출상황도 비슷하다. 지난해 약 13억 달러의 농식품을 중국에 수출했다. 농식품 수입규모가 1700억 달러를 넘는 중국에서 한국 식품은 1%도 차지하지 못한다. 신규품목 개발, 소비트렌드 분석 등 공세적인 자세로 잠재시장을 공략해야 한다.

아세안 이슬람권 유럽 등지로의 수출시장 다변화도 필요하다. 한류 덕에 한국 농식품 수출이 전년 대비 20~30%씩 증가하고 있다는 게 고무적이다. 한류를 더 적극적으로 활용할 필요가 있다. 예술의 중심지 파리는 물론 이슬람 문화권에서도 통하는 게 한류이지 않은가. 이제는 음식 한류를 일으켜 세계인의 식탁에 우리 식품을 올리도록 하자.

| 한국경제 2013.06.01

한류 열풍과 수출 농업

한류 바람 타고 수출 농업 미래 열어나가자

가수 싸이는 강남스타일의 말춤에 이어 젠틀맨이라는 뮤직비디오를 발표해 세계인의 주목을 받고 있다. 우리 스타일의 노래가 세계인의 취향에도 맞아 열풍을 일으키고 있는 것이다. 이른바 '한류 열풍'에 불을 지핀 K팝은 무엇 때문에 전 세계 젊은이를 열광시키는가.

많은 이론이 있으나 한국인의 신바람 정서에 기인하고 있다는 주장이 눈길을 끈다. 일부 학자는 "한류 음악은 한국 특유의 신바람 춤이 가미된 댄스뮤직이며 신바람 춤과 댄스뮤직은 주로 버스 안의 광기 어린 춤에서 뿌리를 찾을 수 있다"고 한다. 달리는 관광버스 안에서 신나게 춤을 추는 한국인, 행락철에 스트레스도 해소하고 즐기던 우리의 모습이 아닌가. 한때는 이런 행동을 우리 스스로 추하고 부끄러운 행태로 여긴 적도 있었다. 우리가 부끄럽게 여겼던 버스 안의 춤이 한류의 뿌리가 된다니 놀랍다.

한류 열풍이 부는 데는 한국 음식이 크게 한몫하고 있다. 최근 조사 결과에 따르면 미국 뉴욕 시민을 상대로 한식에 대한 인지도를 조사한 결과 2009년에 9%에서 2011년에는 41%로 높아졌다고 한다. 세계의 다양한 음식이 모여 있어 '식품합중국'이라고 불리는 미국이다.

미국에서도 한식이 선풍적인 바람을 일으키고 있다. 필자는 2005년 미국 대사관에서 농무관으로 근무하면서 세계 각국 외교관을 초청해 한국 음식 시식회를 열었다. 많은 참석자들이 한국 음식에 입이 마르도록 칭찬을 하면서 조리법을 문의했다. 한국 음식의 다양성·건강성·기능성 등을 자랑했다. 미국뿐만 아니다. 필자가 최근 만난 동남아시아 싱가포르의 한 식당 주인은 한국 식당 수가 불과 2~3년 사이에 세 배나 증가했다고 했다.

한류 열풍의 기본은 한국 문화다. 한국 문화의 진수는 한국 음식이 단연 으뜸이다. 세계적으로 인기를 끈 드라마 '대장금'에서 나타난 한국 문화의 특징은 음식이다. 한국 음식의 기본은 이른바 약식동원(藥食同原)이다. '약과 음식은 근본이 동일하다'는 것으로 음식 먹는 것이 배를 채우는 데 그치지 않고 몸을 고칠 수 있는 것이다.

서양 의사의 효시라고 할 수 있는 히포크라테스는 환자 치료의 근본이 식이요법에 있다고 하면서 '음식으로 고치지 못하는 병은 약으로도 고치지 못한다'고 할 정도로 음식을 중요시했다. 김치, 장, 젓갈 등 발효 음식과 최고의 건강 요리인 나물은 재료의 다양성·동물성과 식물성의 균형 면에서 놀랍다.

속 풀고 마음도 풀자는 해장국, 한민족의 깊은 맛이 담긴 설렁탕 등은 다양한 문화적 특성을 가진다. 돌상, 제사상, 혼례음식, 명절 상차림 등 다양한 격식과 법도를 중시한 상차림이나 궁중 상차림은 조화미의 극치를 이룬다. 또 한식은 기본적으로 천천히 먹는 슬로푸드다. 식품의 세계적인 트렌드인 슬로푸드의 원조가 바로 한국 음식인 것이다. 음식에 관한 한 우리 민족은 축복받은 민족이고 세계적으로 각광받게 돼 있다.

이슬람 문화권의 검은 장막도 뚫고 들어가는 것이 한류이고, 예술 중심지 파리를 달구는 것도 한류다. 이제는 한류 열풍의 깊은 정수를 깨닫고 한국 음식에 빠져드는 의미와 무게를 알아야 한다.

최근 많은 사람들이 식량 부족을 걱정하고 먹을거리 안전도 우려한다. 한국 음식으로 인류의 보편적 가치를 실현하고, 기아와 굶주림도 극복하자. 과거 부끄러워했던 우리의 행태가 이제 새로운 자랑거리가 될 수 있다. 우리 음식에 자부심을 가지고, 한국에서 음식 르네상스를 일으켜 세계인의 식탁에 한식을 올리자.

한류 열풍으로 한국 식품의 수출도 크게 늘어났다. 2000년에 30억 달러였던 농식품 수출액이 2012년에는 80억 달러를 넘어섰다. 김, 음료, 라면이 지난해 각각 2억 달러를 능가하는 수출 실적을 보였다. 농식품 수출이 100억 달러를 넘어 1000억 달러를 달성하는 시대가 다가온다. 한류 열풍으로 수출 농업 시대를 열어 가자. | 서울신문 2013.04.22

농산물 수출 하늘길을 열다

농산물 수출확대에 큰 전환점 마련

지난주(2012.10) 국산 딸기의 대 러시아 항공 수출을 기념하는 지역 행사에 다녀왔다. 농식품 수출증대가 당면한 우리 농어업 분야의 중요한 과제이다. 수출증대로 소득과 고용촉진은 물론 국내 농식품의 수급 불안도 잠재울 수 있다. 지난해 우리 농식품 수출실적은 77억 달러를 달성하였다. 이 중 근거리에 위치한 일본과 중국 수출이 절반 가까운 35억 4천만 달러에 이른다. 먼거리에 있는 국가로의 수출시장의 다변화가 절실하다. 구주나 미주, 남미 등은 구매력이 높고 수출수요가 많으나 높은 수송비와 신선도 유지, 품질관리 등의 문제로 제약이 많다.

신선 농산물 수출에서 가장 어려운 점은 신선도 유지와 품질관리, 그리고 물류비용 절감이다. 올해처럼 수확철에 갑자기 태풍이 발생하면 낙과가 늘어나고 상품으로서의 질이 크게 떨어진다. 사전에 수출계약을 한 해외 바이어에게 수출물량이나 품질에 변동사항이 발생했다는 점을 이해시키기란 쉽지 않다. 태풍, 가뭄, 홍수 등 자연재해뿐만 아니라 운송과정에서도 농산물 품질유지는 매우 어렵다. 적정 온도와 수분이 유지되어야 하고, 최소시간 안에 소비자에게 도달하도록 각별한 주의가 필요하다.

수출 농산물은 주로 선박을 통해 해외로 운송된다. 선박운송 중에는 온도 및 습도 유지의 어려움, 긴 운송기간 등의 이유로 신선 농산물의 품질이 저하되기 쉽다. 무엇보다 운송기간이 길기 때문에 가까운 일본, 중국, 동남아 등을 제외한 미국, 유럽 등으로는 수출이 어려운 현실이다.

수출 농산물을 항공으로 운송하게 되면 많은 이점이 있어 일찍부터 항공운송을 추진해 왔으나 성과는 미미했다. 신선 농산물의 장거리 수출은 신선도 유지와 높은 물류비용으로 시장진입이 까다로운 상황이다.

한국농수산식품유통공사는 지난달에 국내 최대의 항공사인 대한항공과 수출 신선 농산물 항공운송에 관한 업무협약을 체결했다. 올해 11월부터 내년 6월까지 러시아 모스크바 지역에 특별 항공운임을 적용하기로 했다. 그리고 최근 특별운임을 적용받은 첫 번째 딸기 수출이 이루어졌다.

딸기는 2000년대 초반 1100만 달러까지 수출되었으나, 품종 로열티, 재배기술, 운송비 등의 문제로 2004년에는 420만 달러까지 급감하였다. 그러다 국내육종 품종인 '매향'의 등장과 동남아시장의 본격 진출로 2011년에는 2100만 달러를 기록할 정도로 수출이 급증하였다.

이번 딸기의 항공 수출은 우리 농산물 수출에 큰 전환점이 될 것으로 기대된다. 수출농가는 일반운임보다 30% 이상 저렴한 비용으로 농산물을 항공으로 운송할 수 있게 된 것이다.

단순히 비용경감 차원이 아니라 우리 신선 농산물 수출에 새로운 활로가 열렸다는 점에서 큰 의미가 있다. 높은 물류비용과 신선도 유지 문제로 해외시장 진출이 힘들었던 거대 시장권에 대한 장거리 수출경쟁력이 확보되었다. 올해는 모스크바를 중심으로 딸기, 화훼류 등의 항공수출을 적극 추진하고, 내년부터는 유럽, 중동 등 타 지역으로도 확대해나갈 예정이다. 항공수출 확대는 장기적으로 농가소득 증대에도 기여할 것으로 기대된다.

수출 농가들도 이제 일본이나 중국, 동남아 시장을 넘어 구주나 미주, 남미 등 장거리 해외시장을 내다보며 준비해야 한다. 품질과 안전은 물론 현지인의 기호에 맞춘 다양한 수출품목을 개발하고, 포장과 디자인에도 신경을 써야 한다. 한국산 농산물에 친숙하지 않은 해외 소비자들을 상대로 '한국 농산물 입맛들이기'를 지속적으로 실시해야 한다.

농산물 수출확대는 말처럼 쉬운 일은 아니다. 그러나 불가능하지도 않다. 낙후된 생산시설을 현대화하고, 국내업체간 과당경쟁도 방지하며, 국내 육종 품종의 개발, 수출농가의 자체적 품질관리 등 다양한 노력을 기울여야 한다.

필자는 최근 독일 , 프랑스 등 유럽출장을 통해 현지에서 한국산 버섯이 폭발적인 인기를 끌고 있고 된장, 쌈장 등도 순조롭게 판매되고 있는 상황을 확인하였다. 현지 바이어들도 한국산 농산물이 안정적으로 공급될 수만 있다면 시장은 무궁무진하다고 평가했다. 자신감을 갖고 노력하자. 우리 농산물이 글로벌 시대를 맞아 유럽, 미주, 남미, 아프리카 등 세계를 상대로 하늘 길을 열어가는 시대가 다가오고 있다.

| 머니투데이 2012.11.26

한국 식품
신시장을 개척하자

수출시장 다변화 노력 적극 지원할 것

최근 대규모 해외바이어 초청 수출상담회인 BUY KOREAN FOOD Autumn 2012가 열렸다. 국내 수출업체에 다양한 수출상담 기회를 제공하고, 유력 바이어를 통해 신규 해외시장을 개척하기 위해서다.

상담회에는 일본 이토요카도, 중국 RT마트 등 26개국 바이어 135명이 초청돼 국내 수출기업 170곳과 일대일 상담을 했다. 상담실적은 773건, 금액으로 6100만 달러에 달한다.

바이어들이 관심을 가지는 품목도 매우 다양하다. 일본 바이어들은 육개장 같은 즉석식품, 김치, 미역 등 해조류에 관심이 많았다. 중국의 경우 식품안전성에 대한 관심이 높아 유제품과 유아용 스낵 등을 주로 찾았다. 이외에도 즉석 쌀국수, 새송이버섯, 장류, 음료류 등에 대한 상담도 활발했다.

특히 올해는 수출시장 다변화를 위해 해외 aT센터 및 재외공관을 통해 중동·남미 지역 바이어 50명을 신규로 초청했다. 이들은 건강식품 등 가공식품에 많은 관심을 보였다. 이슬람문화권인 중동시장은 식품 규정도 다른 국가들과 달리 매우 까다롭다. 이슬람교도들은 할랄(Halal)이라는 품질인증을 받은 식품만 먹는다. 유대교에는 코셔(Kosher)가 있다. 코셔는 유대인의 613가지 율법에 따라 처리·가공된 식품으로 할랄식품보다 더 복잡하고 엄격하다. 약 20억 명이 할랄·코셔 식품의 잠재 소비시장이다. 현재 할랄식품 시장규모는 연간 6500억 달러, 코셔식품은 2500억 달러로 추산된다.

신규 시장인 남미 바이어들은 알로에, 홍삼 등 건강음료와 기능성식품에 많은 관심을 보였다. 중남미 국가로의 수출실적은 지난해 7025만 달러였지만 올해는 9월까지 6010만 달러로 전년대비 10% 증가했으나 잠재적인 수출규모는 훨씬 크다. 인구가 세계 5위인 브라질을 포함해 남미 지역은 총 인구가 5억 8000만 명에 이른다. 미국 내 히스패닉 수도 약 4600만 명으로 미국 인구의 15%다. 남미의 입맛에 맞는 상품을 개발하면 미국 시장으로도 식품 수출을 늘릴 수 있다.

이번 상담회의 특징은 프랜차이즈 상담회와 함께 진행됐다는 점이다. 해외 바이어들은 닭갈비, 국수 등 다양한 국내 프랜차이즈 매장을 둘러보고 호의적 의사를 표시했다. 일부는 국내 프랜차이즈 대표를 초청해 매장 개설을 본격적으로 논의하자고 하였다. 프랜차이즈 수출은 신선 농수산물이나 가공식품 수출보다 높은 부가가치를 기대할 수 있으며 식재료 수출도 확대된다. 세계 각국에 한식과 한국의 식문화를 전파하고 대한민국도 홍보할 수 있다.

세계 경기침체가 장기화되면서 올해 수출여건이 매우 어렵다. 지난해 농식품 수출액은 77억 달러였으나 금년은 9월 현재 56억 달러다. 신규 시장을 개척하고 시장별 특성에 맞는 상품을 개발하면 수출시장은 더욱 확대될 수 있다. 농식품 수출은 개방화 시대 우리 농어업의 역할을 새롭게 인식시키고 산업 경쟁력을 높이는 역할을 한다. aT는 '수출 100일 특별대책'을 수립하고 모든 방법을 동원하여 수출증대를 지원할 방침이다. 여건은 어려우나 농어업인, 수출업체, 유관 기관들이 긴밀히 협력하여 공격적인 신시장 개척을 추진할 것을 당부 드린다. | 국민일보 2012.10.18.

동남아시아를
다시 보자

우리 식량안보 튼튼히 할 후방기지로

영국의 신경제재단(New Economics Foundation)은 최근 세계 151개 국을 대상으로 삶의 만족도와 기대수명, 환경오염 등을 평가해 국가별 행복지수(Happy Planet Index)를 발표했다. 1위는 코스타리카, 2위는 베트남이었다. 국내총생산(GDP) 1위인 미국은 하위권인 105위였고 영국, 프랑스, 독일 등 서구 주요 선진국들도 대부분 40위권에 머물고 있으며 우리나라는 중간수준인 63위이다. 반면에 방글라데시, 인도네시아, 태국 등 동남아시아 국가들은 대부분 20위 안쪽에 자리하고 있다.

필자는 최근(2012.10) 우리 농식품 수출 촉진과 국제 곡물가격 상승에 대비한 대책 마련을 위해 동남아시아를 다녀왔다. 잘 알다시피 베트남, 인도네시아, 캄보디아 등 동남아 주요 국가들의 경제는 우리나라의 1960년대나 1970년대 수준이다. 그러나 이들 지역의 천연자원이나 넓은 땅은 식량생산기지로서의 무한 가능성을 보여주고 있다. 사람들도 활력이 넘친다.

아직 품종이나 재배기술 등 영농기술이 많이 낙후되어 있고 배수 개선, 경지 정리 등 농업 기반시설도 매우 열악한 것이 동남아지역 농업의 공통적인 현실이다. 그러나 기후나 농지면적, 인력 등에서 향후 발전 가능성이 보였으며 우리의 기술 및 자본과 잘 결합한다면 성공적인 국제 협력 모델을 구축할 가능성도 있다고 여겨진다.

특히 동남아가 우리에게 중요한 이유는 잠재적 곡물 수입처로서의 역할 때문이다. 동남아시아는 열대와 아열대 기후에 속하기 때문에 쌀을 비롯한 여러 작물을 3모작하고 있어 농작물 생산증대 가능성이 매우 높다. 우리가 동남아에서 안정적인 곡물 조달 시스템을 구축한다면 세계적인 곡물 위기에 대비할 수도 있다.

우리나라는 세계 5위의 곡물 수입국이다. 지난해 수입량은 1446만t, 금액은 53억 달러에 이른다. 이 중 60%인 870만t이 사료곡물이다. 국내산 양질 조사료(粗飼料) 공급비율이 35% 정도로 낮아 많은 물량의 사료곡물을 해외 수입에 의존한다. 국제 곡물가격 상승은 바로 사료가격 상승으로 이어져 축산농가의 부담이 증대된다.

국내 사료곡물의 해외수입이 불가피한 현 시점에서 동남아 지역의 활용방안을 강구해야 한다. 현지 장기 계약재배, 해외기지 건설 등 다양한 방안을 추진해야 특정 국가 의존도를 줄일 수 있고 국제곡물가격 상승에 대비할 수 있다.

그러나 해외곡물의 안정적 확보는 간단하지 않다. 그간 동남아, 연해주 등에 많은 기업이 참여하여 농지 개발과 곡물 생산을 해왔으나 뚜렷한 성과를 내지 못했다. 지난 4년간 11개국에 28개 업체가 해외 농업 개발을 실시하였으나 국내 도입량은 0.4% 수준에 불과하다. 경제성 분석, 유통망 구축 등 체계적인 대응을 하지 못했기 때문이다. 미흡한 성과를 거울삼아 면밀한 시장분석, 유통망 확보, 사회간접자본(SOC) 구축, 인력 및 기술 개발 등 종합적인 노력이 필요하다.

우리는 동남아 국가에 대해 지속적인 관심과 노력을 기울여야 한다. 6·25전쟁 파병, 베트남전 참전 등 역사적으로 우리나라와 깊은 연관을 맺고 있는 지역이 동남아시아다. 최근 우리 농촌에서 중요한 역할을 하는 다문화가정의 주류도 동남아 국가이다. 한류도 동남아 지역에서 선풍적인 인기를 끌고 있다.

종자, 비료, 농기계 등 우리의 우수한 영농기술과 현지 생산, 유통망이 잘 결합된다면 획기적인 생산 증대를 기할 수 있다. 필자가 농촌진흥청장으로 재직할 때 베트남, 캄보디아, 미얀마 등 동남아 여러 나라에 해외농업기술센터(KOPIA, Korea Project on International Agriculture)를 설치하여 현지로부터 좋은 평가를 받았다. 이 외에도 유전자원 교환, 농업자문관 파견, 농식품 인력 교류협력 등 다양한 방안을 고려해야 한다.

동남아시아는 다가오는 곡물 위기에 대비하여 우리의 식량안보를 튼튼히 하는 후방 병참기지가 되어야 한다. 우리 농업 발전과 식량안보, 그리고 세계 속 한국의 위상을 높이기 위해서 동남아 국가에 대한 교류협력을 강화하자. | 서울신문 2012.10.08

대미 수출
1위 품목은 김

김을 틈새시장 공략의 성공사례로 벤치마킹 하자

지난 주 미국 뉴욕에서 이색적인 행사가 열렸다. 미국 현지 유명 레스토랑 관계자들과 주요 미디어들 앞에서 한국산 김으로 만든 요리를 시연하고 시식하는 행사가 개최된 것이다. 김 리조또 크로켓, 김 대구살 꼬치 등 미국인의 입맛에 맞춘 15종에 달하는 김 요리의 색다른 맛과 모양에 놀라고 감탄하는 모습을 볼 수 있었다.

이날 선보인 김 요리 15종은 세계 최고의 요리전문학교로 손꼽히는 CIA(Culinary Institute of America)와 한국농수산식품유통공사가 공동으로 개발한 것이다. 한국농수산식품유통공사는 한국산 김 수출확대를 위해 다양한 김 요리 개발에 노력해 왔다. 김은 한국과 일본, 중국 등 일부 동양 국가에서 소비되는 품목이었다. 그러나 최근 김은 밥과 같이 먹는 용도가 아니라 간식용 스낵이나 웰빙식품으로 서구인들에게 인지도를 높여가고 있다. 김은 2011년도에 수출 1억 달러를 넘기며 우리 농식품 수출 효자품목으로 자리잡았다. 특히, 지난해 미국에서만 약 3870만 달러의 수출 실적을 올리며 농식품 대미 수출 1위를 차지했다.

한미 FTA가 실시되면 미국 농산물 수입이 어느 정도 증대될 것이지만 우리 농식품의 미국 수출도 크게 늘어날 것이 분명하다. 미국은 일본, 중국에 이어 우리 식품 수출 상대국 중 3위이다. 지난해 우리나라는 김을 비롯해 신선과일, 주류, 스낵류 등 6억 달러의 농식품을 미국에 수출했다. 최근 미국인들은 유기농, 저칼로리 등 건강식품에 많은 관심을 쏟고 있어 미국시장을 겨냥해 다이어트 식품, 건강기능성이 가미된 식품으로 공략한다면 새로운 수출시장을 열 수 있다.

올해 우리나라 농식품 수출 목표는 100억 달러이다. 농식품 수출 100억 달러 달성을 위해서는 김을 이용한 스낵상품, 퓨전요리처럼 우리 식품의 다양한 변신이 필요하다. 전통식품인 김치나 인삼을 응용하거나 사과, 배, 포도 등 신선 과실류를 활용한 여러 가공식품을 개발해야 한다.

농식품 산업은 부가가치가 높고 고용창출 효과도 크기 때문에 지역경제 활성화와 직결된다. 지난해 대구 경북 지역 농식품 수출실적은 우리나라 전체 농식품 수출액의 3% 정도에 불과했고, 수출증가율도 국가 전체 증가율에 못 미치는 16%선에 머물렀다. 농식품 수출은 단시간에 일회성 정책으로는 증대되기 어렵다. 농가와 수출업체의 규모화·조직화를 통한 품질향상, 신규 유망 품목의 발굴, 경쟁력 있는 브랜드 개발과 공동마케팅 등 농가와 수출업체, 지자체, 지역주민들이 함께 노력해야 성과를 거둘 수 있다.

최근 농식품 수출액은 IT나 자동차보다 더 빠른 성장세를 보이고 있다. 한국농수산식품유통공사는 지방자치단체와 협조하여 한국산 농식품을 웰빙, 건강식품으로 적극 홍보하고 해외 식품박람회 참가, 현지 시연·시식행사 등을 개최할 계획이다.

올해 개방이 가속화되고 세계 경기침체도 장기화될 전망이다. 올해 수출여건이 쉽지만은 않지만 김 수출 성공사례를 벤치마킹하여 틈새시장을 공략한다면 대망의 농식품 100억 달러 수출시대를 열 수 있을 것이다.

| 대구일보 2012.02.01

농식품 수출 제값 받는 법

품목별 공동대응으로 수출교섭력 키워나가야

"서로 경쟁관계였던 우리가 이렇게 한 자리에서 만나 수출시장에 대해 터놓고 이야기 할 수 있는 계기마련이 가장 큰 변화입니다."

품목별 수출협의회에 참석할 때면 각 회원사들 입에서 이구동성으로 나오는 말이다. 수출협의회는 해외시장개척과 수출확대를 위해 구성된 민간 자율기구로서 지난 2008년 파프리카수출협의회를 시작으로 김치, 인삼, 배, 버섯, 유자차, 양란 등 주요 수출품목을 중심으로 현재 17개 품목이 운영되고 있다. 농식품 해외수출이 과거에는 개별 수출업체를 중심으로 이루어졌다면 이제는 각 품목별 수출협의회나 수출연합조직 등으로 서서히 무게중심이 이동하고 있다. 무한경쟁시대에 조직화, 규모화는 수출의 필수요소이기 때문이다.

지난 4년 동안 각 품목별 수출협의회는 우리 농식품 수출증대를 위해 많은 노력을 기울였다. 해외시장에서 업체 간 과당경쟁을 방지하고 회원사간 상호 정보교류, 공동마케팅을 실시하는 등 꾸준히 수출시장을 확대시켜 왔다.

그동안 각 수출협의회의 공동마케팅사업은 품목별 특성에 맞게 다양한 방법으로 전개되어 왔다. 파프리카수출협의회는 일본 현지 TV에 공동광고를 통해 한국산 파프리카의 우수성과 안전성을 홍보하였고, 유자차수출협의회는 품질인증제를 추진하여 수출단가를 높이는데 기여했다.

이밖에도 막걸리수출협의회는 세계 유명식품박람회에 참가하여 우리 전통 발효주의 효능과 우수성을 알리는데 주력하고 있으며, 버섯수출협의회는 우수 바이어 확보를 위해 공동 노력하는 등 품목별로 수출시장을 확대하기 위해 다양한 마케팅 활동을 전개하고 있다.

특히 내년에는 한걸음 더 나아가 미연방조달청(GSA) 납품시장 진출 및 무슬림 시장개척을 위한 할랄(Halal)인증 지원, QR코드와 연계한 품질브랜드 홍보 등 수출협의회가 명실상부한 마케팅보드 역할을 수행해 나갈 예정이다.

FTA 등 본격적인 개방화 시대를 맞아 농식품도 품목별 공동대응을 통해 시장교섭력을 늘리는 것이 중요하다. 품목별 수출협의회의 활성화는 수출 노하우가 부족한 다수의 중소 수출업체와 생산 농가들이 협력하여 우리 농식품산업의 부가가치를 창출하는데 기여할 것이다. 농수산물유통공사도 수출협의회와 유기적인 협력을 통해 홍보판촉행사, 해외바이어 발굴 및 시장개척활동을 꾸준히 지원할 계획이다.

올 한해 고물가, 경기침체 등 어려운 여건에도 불구하고 우리나라 농식품 수출은 11월말 현재 약 66억 달러를 기록하고 있다. 이는 지난해 동기 대비 26% 이상 증가한 금액이다. 이런 추세로 나간다면 내년도 농식품 수출목표 100억 달러 달성도 가능하리라 생각한다.

개방화 시대에 100억 달러 수출은 우리 농업에 새로운 도약과 발전을 가져올 중요한 터닝포인트가 될 것이다. 이제는 경쟁에서 협력관계로 탈바꿈하여 넓어지는 해외시장을 향해 함께 뛰어야 할 때이다.

| 이투데이 2011.12.16

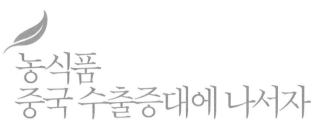

농식품
중국 수출증대에 나서자

중국 소비시장 고급화 추세로 우리 농식품 수출 잠재력 커져

한미 FTA가 우여곡절 끝에 타결됐다. 농식품 분야의 피해가 어느 정도 예상되지만 23조 원에 가까운 농축산 지원대책이 마련되면서 한 고비를 넘었다. 지금부터는 우리 농식품의 경쟁력을 키워 세계로 진출할 때다.

우리가 눈을 돌려야 할 곳은 인구가 13억, 지난해 농식품 수입액이 720억 달러에 이르는 중국이라는 거대한 시장이다. 중국에 대한 우리 농식품 수출은 지난해 약 7억 8천만 달러이며 올해는 당초 목표인 10억 달러를 넘어 약 12억 달러에 이를 것으로 전망된다. 지리적, 식문화적으로 우리나라와 매우 가까워 농식품 수출가능성이 무한한 나라가 중국이다. 거대한 중국시장에 대하여 우리 농식품 수출을 증대하는 것은 우리 농어업의 당면 과제이자 개방화에 대응하여 우리 농어업이 살아남기 위한 공세적 전략이기도 하다. 미래학자들은 향후 세계질서가 중국과 미국을 중심으로 재편될 것이라고 전망하기도 한다. 중국 관련 정책을 어떻게 추진하느냐에 따라 우리 농어업과 국가의 미래가 좌우된다고 해도 과언이 아니다.

중국에 우리 농식품 시장을 개척하고 수출증대를 위해 최근(2011.11) 출장을 다녀왔다. 대형 유통업체와 업무협약을 체결하고 상하이 국제식품박람회를 둘러보면서 많은 가능성을 발견하였다. 막걸리, 버섯, 유자차 등 다양한 한국식품이 상하이 국제식품박람회에서 중국인의 주목을 받았다. 한국 막걸리는 중국 바이어와 관람객들에게 인기를 끌면서 약 3백만 달러의 수출계약도 이룩하였다. 중국인들이 좋아하는 샤브샤브의 주재료인 버섯도 1천 2백만 달러의 수출계약을 이루어냈다. 한국 농식품에 대한 중국 현지의 높은 관심은 수출계약뿐만 아니라 대형 마트에서 한국식품이 인기리에 판매되고 있는 모습에서도 직접 확인할 수 있었다.

중국의 농식품 수입에서 우리나라 농식품이 차지하는 비중은 아직 0.6%에 불과하다. 그만큼 향후 수출가능성이 높다고 볼 수 있다. 중국인의 소득수준이 높아지고 고품질 안전식품 선호 현상도 뚜렷해짐에 따라 한국 농식품의 수출 잠재력은 매우 높다.

금번 농수산물유통공사가 중국 대형 유통업체인 로터스(Lotus)와의 업무협약을 체결한 것도 중국 유통시장에서 입점기회를 늘리기 위해서이다. 유통과정에 실질적으로 참여하는 것은 좋은 품질을 만드는 것 이상으로 중요하다. 앞으로 한국 농식품이 중국 현지 매장에 체계적으로 자리잡기 위한 노력이 중요하다고 여겨져 공동 마케팅 추진등 다양한 상호 협력방안을 강구해 나갈 방침이다.

중국시장이 호락호락한 것만은 아니다. 경제성장과 소득수준 향상으로 중산층이 증대되면서 식품안전에 대한 관심이 증대되고 고급식품 소비가 늘어난다. 2009년 6월부터 중국에서는 식품안전법이 시행되고 있다. 안전한 먹을거리에 대한 사회적 인식이 확산되고 있으며 유효기간 등을 명시한 라벨링 표기, 유해성분에 대한 제도와 규정이 엄격해지고 있어 국내 수출업체들이 특별히 주의해야 한다. 중국 현지 유통업체들의 경쟁도 매우 치열해지고 있다. 한국 농식품이 치열한 중국시장에서 경쟁력을 가지기 위해서는 특별한 전략이 필요하다. 한국 농식품 전용 매대를 설치하는 '집중' 전략이나 상품을 종류별로 판매하는 '분산' 전략이 동시에 이뤄져야 한다. 한국 농식품의 판매망을 동북부 중심에서 중서부 지역으로 넓히는 방안도 필요하다.

우리나라의 신선 과실과 인삼류, 장류 등은 중국 수출이 유망한 품목이고 현지에서 인기를 끌고 있다. 최근 일본 식품에 대한 불안감이 증대되어 한국 농식품은 중국 소비자들의 인기를 끌기 위한 좋은 기회를 맞고 있다. 이러한 기회를 감안 우리 농식품 수출을 위한 체계적이고 종합적 대책이 필요하다. 우수한 품질의 생산은 물론 현지 유통망의 확보, 생산부터 현지 판매까지 일괄 지원 등 다양한 정책을 추진하여 한국 농식품의 수출 경쟁력을 더욱 키워야 할 것이다.

중소기업이나 소규모 수출업체에게도 수출증대의 기회로 여겨진다. 농수산물유통공사는 해외 식품박람회에 적극 참가하면서 중소업체의 참여를 촉진시키고 있다. 또 현지 대형 마트에 한국 농식품이 입점할 경우에 대기업 제품뿐만 아니라 중소업체의 제품도 함께 홍보하고 있다. 대기업과 중소기업이 공동마케팅에 참여하거나 차별적인 판매전략을 추진할 때 해외시장에서 성공할 수 있다. 대기업 시장과 중소기업의 고객이나 판매전략이 상당히 다르다는 점도 확인하였다. 개방화시대의 나아갈 길은 도시와 농업, 대기업과 중소기업이 상생하면서 해외시장을 개척해 나가는 것이다. 개방을 두려워할 필요는 없다. 상대적으로 우리 농식품의 해외시장도 넓어진다. 거대한 중국 식품시장을 보면서 우리 농어업과 농식품의 무한 가능성을 발견하였고 나아갈 길도 보았다.

| 대구신문 2011.11.24

Chapter

11

식물공장과
도시농업
열풍이 분다

식물공장을 수출하자

최첨단 과학기술 이용해 고부가가치 생명산업으로 육성 가능

며칠 전(2012.03) 남극 세종과학기지에서 주방장으로 근무했던 대원으로부터 감사 전화를 받았다. 농촌진흥청장 재임 시 보내준 컨테이너형 식물공장에서 재배한 신선한 채소를 먹게 돼 고맙다는 인사였다. 영하 55℃의 남극기지에서도 식물을 재배할 수 있는 우리 기술농업의 성과다.

식물공장은 식물 재배 환경을 인위적으로 만들어 농산물을 생산하는 시설로 일조량 부족 등 기상여건이 열악한 북유럽에서 개발됐다. 최근에는 기술 발달로 지역과 기후에 관계없이 식물공장에서 농산물을 연중 생산할 수 있을 정도로 발전했다.

식물공장에서 생산되는 것은 농작물이지만 여기에는 재배기술은 물론 온·습도 조절, 환경제어, 발광다이오드(LED), 전자, 생명공학 등 최첨단 과학기술이 투입된다. 인구증가·도시화·기상이변 등으로 안전한 농산물에 대한 수요가 증대됨에 따라 식물공장 관련 연구가 다양한 형태로 진행되고 있고 새로운 성장동력 산업으로 간주되고 있다.

지난해 우리 농식품은 77억 달러의 수출실적을 이뤘고, 올해는 100억 달러를 목표로 하고 있다. 수출품목도 먹고 마시는 농식품뿐만 아니라 농자재, 기능성 식품 등 농작물 관련 다양한 상품으로 확대해야 한다. 특히 고급 식물공장도 수출할 수 있다.

식품공장형 고층빌딩에서 농작물을 재배하는 수직형 식물농장

(Vertical Farm)은 지난 1997년 미국 컬럼비아대 딕슨 데스포미어 교수가 최초로 발표했다. 당시는 큰 주목을 받지 못했으나 최근 기상이변이 빈번하고 식품 안전에 대한 관심이 증대되자 주목받기 시작했다. 30층 규모에서 5만여 명을 먹여 실리는 농직물 생산이 가능하다는 식물공장은 향후 새로운 고부가가치 먹거리 산업이 될 것이다.

고령화 시대의 도래로 도시민들의 귀농·귀촌 열풍이 높아지고 있고 귀농인구가 1만 가구를 넘어섰다. 또 지난해 일본 원전사태에서 보듯이 식품안전이 국가적 과제로 대두되고 있다.

우리 농업도 발상을 전환해야 한다. 땅 위에서 햇빛과 물, 공기를 이용해 곡물·채소·육류를 생산하는 것만이 농업은 아니다. 도심 한복판의 빌딩에서 최첨단 과학과 기술을 이용하는 고부가가치 생명산업이 될 수 있다. 머지않아 도심으로 출퇴근하는 농업, 사무실에서 컴퓨터로 농사짓는 농업을 보게 될 것이다.

섬세하고 손재주가 많은 우리 국민이다. 첨단 농업기술을 융복합해 식물공장을 만들면 사막지대나 남·북극, 우주에도 보내어 농산업의 새로운 지평을 열어갈 수 있을 것이다. | 서울경제 2012.03.29

농업의 미래 변화

도심 유휴 빌딩도 식물공장으로 활용

농업 분야는 지금 미래의 변화 모습을 예측하기가 어려울 정도다. 땅·물·햇볕 등을 이용한 농작물 생산이나 가축사육이라는 전통농업 관점에서는 상상을 초월하는 변화가 생산·유통·소비 등 전 분야에서 광범위하게 일어난다.

농작업 대행 농기계나 로봇, 농업용 무인헬기가 농산물 생산에서 널리 사용되고 식품 분야에서는 원산지나 유해성 관련 정보의 실시간 확인도 이뤄진다. 사육관리 자동화, 온·습도 조절, 가축 스트레스 관리도 축산 분야에서 널리 활용된다. 쇠고기 이력제 도입으로 사람의 주민등록번호와 같은 개체식별번호를 소에 부여해 출생부터 도축·가공·판매 등 단계별로 정보를 기록·관리한다. 위생 안전상 문제 확인, 질병의 신속한 원인규명, 회수·폐기 등도 이력제를 통해 실시해 나간다. 기후변화, 노동력 부족, 병해충과 질병 발생 등 농업 분야 여건 변화는 불가피하게 새로운 기술 개발을 가져온다.

최근 기후변화와 기상이변에 대비하고 불안한 곡물시장에 대응하기 위해서 식물공장 필요성이 증대된다. 식물공장에서 사용되는 기술은 농작물 재배기술뿐 아니라 환경제어, 온습도 조절, 기계, 전자, 정보 등 다양한 기술이 활용된다. 향후 정보기술(IT)·바이오기술(BT)·나노기술(NT)이 융복합된 최첨단 식물공장이 탄생돼 엄청난 부가가치와 성장동력을 창출할 것으로 예상된다. 농업 분야가 위험도 크지만 그만큼 수익증대의 기회도 늘어난다는 이야기다.

수직형 식물공장(Vertical Farm) 개념을 도입하고, 적극 활용을 주장했던 사람은 미국 컬럼비아대학의 딕슨 데스포미어 교수다. 데스포미어 교수는 기후변화나 식량위기에 대응하고 소비자의 식품안전에 대한 수요증대에 부응해 식물공장이 꼭 필요하다고 주장하면서 30층 규모 식물공장에서 5만 명을 먹여 살릴 수 있다고 강조했다.

부동산 경기 침체로 도시의 유휴빌딩이 늘어난다. 도심의 유휴빌딩을 식물공장으로 활용하는 방안이 식량위기에 대응한 참신한 대안으로 여겨진다. 수직형 빌딩농장은 농작물 생산을 넘어 미래 신기술의 복합체로 농업과 부동산업의 융합으로 발전된다. 이미 식물공장은 선진국은 물론 이미 우리 주변 가까이서 널리 활용된다. 농업기술의 발달과 타 산업과의 융복합은 농업의 새로운 미래를 열어 나가고 있다. 농업의 미래는 발달된 기술과 관련 산업을 어떻게 융복합하느냐에 달려 있다. 농업기술과 산업 융복합이 가져올 변화는 상상을 초월한다. 농업의 미래변화에 희망과 기대를 가지자. | 서울경제 2011.02.28

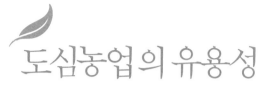

도심농업의 유용성

건전한 사회 커뮤니티 조성에도 기여

건강하고 여유 있는 삶을 위해 도심 속에서 농업활동이나 귀농귀촌에 관심을 갖는 사람들이 부쩍 늘고 있다. 도시 중심의 주거문화와 도시화율이 90%나 되는 우리나라에서 도시의 편리성과 경제활동의 이점에도 불구하고 대부분의 시간을 실내생활을 하는데서 오는 결점들을 극복하려는 시도이다. 특히 주5일근무제로 여가시간이 늘었고 베이비부머들이 직장에서 은퇴기가 되는 시점에서 생산적인 여가활동과 가족의 건강한 삶을 실천하려는 선진국형 발전과정이라 할 수 있다.

PPC(People Plant Council)를 결성, 왕성한 활동을 하고 있는 에드워드 렐프 박사는 지금까지의 농업은 식량을 제공하는 1차적인 농업에서 생태환경적 차원의 2차적 농업과 사회문화적 가치를 지닌 3차적 농업이 도시 공동체 형성과 경제발전, 주택정책, 인간에게 끼치는 영향을 높이 평가하고 그 가치를 증진시킨다고 했다.

도시를 식물로 녹화했을 때 인간생활에 미치는 긍정적인 면은 실내외 온습도의 균형을 잡아주고 자동차와 공장소음을 차단하며 공기오염 물질을 정화한다. 빌딩 벽면의 담쟁이나 송악덩굴은 냉·난방비를 줄여주고 회색의 도시경관을 녹색공간으로 바꾸어 준다. 더 나아가 산소를 생산하고 분진을 흡착해 공기를 맑게 해주는 것은 농업의 2차적인 환경적 효과로 볼 수 있다. 3차적인 농업은 사회적 측면으로 인간의 입장에서 이해되는 농업을 의미한다.

도심 속에서 농업활동은 도시에서 부족한 자연생활을 보충하고 현대인들이 자연으로 돌아가고 즐기려는 욕구를 충족시켜 준다. 자라나는 어린이는 예쁜 꽃을 기르고 관찰하면서 아름다운 생명체의 소중함을 알고 농사경험이 있는 어르신은 농사활동을 통한 건강한 사회활동을 돕고 손수 키운 깨끗하고 안전한 풋고추 한 봉시, 배추 한 포기를 가족과 이웃에 나눠주는 등 건전한 사회 커뮤니티를 만드는데 기여할 수 있다.

도시민의 농업활동은 다이어트와 운동효과도 높다. 정원에서 30분간 물을 주면 60칼로리, 땅 고르기와 갈퀴를 가지고 긁는 작업은 150칼로리, 풀 뽑는 일을 하면 175칼로리가 소모된다.

지난(2010.06) 15일 경제개발협력기구(OECD)와 식량농업기구(FAO)는 2010~2019 농업전망보고서를 통해 향후 10년 동안 세계 곡물가격이 최고 40% 상승할 것이라고 발표했다. 특히 우리나라를 비롯해 식량자립도가 낮은 국가들은 식량안보에 비상이 걸릴 것이라는 점도 시사하고 있다. 이런 점에서 도시민이 참여하는 새로운 도시농업은 우리들의 신체와 정서, 경제와 환경, 개인과 공동체, 도시와 농촌 모두를 아울러 도시민의 삶의 질을 높이고 부족한 식량문제도 해결할 수 있을 것이다. 도시에서 농업은 어렵지 않다.

아파트 단지 안 공터에서 이웃 주민들과 함께 텃밭을 만들고 정원을 꾸밀 수 있고 건물 옥상에는 각종 버리는 자재를 이용해 정원을 만들 수도 있다. 학교 교실과 복도, 도시민의 일터인 사무실, 가정에 거실과 베란다 등 다양한 공간에서 각종 꽃이나 채소, 과수 등 농작물을 가꿀 수도 있다. 이것이 도시민이 함께하는 새로운 농업의 시작이고 도시농업의 시대를 열어가는 것이다. | 아시아경제 2010.06.24

도시서 부르는
농가월령가

도시농업 국민공감대 넓히고 법제도 정비해야

아스팔트와 콘크리트에 찌들린 도시생활을 탈출하고자 최근 도시민의 농업에 대한 관심이 부쩍 커지고 있다. 교통체증, 환경오염, 휴식공간 부족, 이웃간의 공동체 단절로 도시민의 삶은 고달프다. 도시민의 64%가 귀농하고 싶다는 조사결과도 있다. 농촌진흥청이 서울역에서 실시하는 야간 귀농교육에 참여자 열기가 넘쳐나고 인기가 폭발적인 것도 도시 탈출의 신호이다.

도시생활의 한가운데서도 농업 활동이 활발히 전개되고 있다. 먹는 음식은 물론, 아파트의 실내 식물재배, 베란다 화초재배, 실내정원 조성, 옥상의 농원관리, 도심 텃밭 등 도시민의 생활 깊숙이 농업이 자리잡고 있다. 실내 공기정화, 감성회복, 식물치료, 새집증후군 방지 등 건강 기능성 농업도 도시민의 관심사가 되고 있다.

나비, 귀뚜라미, 반딧불이등 각종 곤충도 도시민의 정서순화나 볼거리 공간으로 활용된다. 무엇보다 도심 한복판의 빌딩농장에 대한 도시민의 관심은 획기적으로 늘어나고 있다. 전 세계 도시에서 소비되는 먹을거리의 약 3분의 1을 도시 농업으로 생산하고 있고 8억 인구가 도시농업에 종사하고 있다. 러시아의 상트페테르부르크는 500만 시민 중 절반 이상이 뒤뜰, 옥상, 공터에서 먹을거리를 재배한다. 캐나다 밴쿠버는 올해 말까지 시내에 2010개의 도시텃밭을 만드는 '2010 공공텃밭 프로젝트'를 진행하고 있다. 미국 시애틀은 60곳의 공공텃밭에서 1900개의 개인 텃밭이 운영되고 있고, 일본 도쿄는 2만 8000여 구획의 시민농원 448개와 3600여 구획의 체험농원 63개가 조성됐다.

도시농업은 지속가능하고 건강한 도시를 만들기 위한 하나의 대안이라고 할 수 있다. 도시농업의 범위와 영역은 목적이나 주체, 농사방법에 따라 여러 가지 형태가 있다. 식량자급이나 여가생활의 일환으로 도시농업을 하기도 하고, 커뮤니티 활동의 하나로 함께 농사에 참여하기도 한다. 안전한 농산물을 직접 생산해 사용하자는 정서·정치적 의미의 도시농업도 있다.

"여러분 모두 일할 준비가 됐나요? 열심히 할 준비가 됐나요? 더러워질 준비가 됐나요? 좋아요! 시작해요!" 지난해 11월 미국 대통령 부인인 미셸 오바마 여사가 백악관 텃밭에 부엌정원(kitchen garden)을 조성하고 어린 농부들에게 외친 소리이다. 영국 여왕인 엘리자베스 2세도 신선한 채소 뿐 아니라 멸종위기에 처한 식물 종의 종자를 보존하기 위해 버킹엄 궁에 텃밭을 만들었다.

선진국의 도시농업은 대부분 법에 근거한 정부의 적극적인 지원이 뒷받침된다. 일본의 '시민농원 정비촉진법', '특정농지대부법', 영국의 '알로트먼트법', 독일의 '연방소정원법' 등이 대표적인 사례이다. 반면 국내에서는 일부 시민단체와 지방자치단체 중심으로 도시농업에 대한 논의가 이뤄지는 정도이다.

도시농업 활성화는 에너지 절약, 환경복원, 이산화탄소 저감, 건강한 먹을거리 생산 등 녹색생활을 실천하는 계기도 된다. 농촌진흥청은 지난 2004년부터 식물을 이용한 새집증후군 방지, 스트레스 완화, 유아·청소년을 대상으로 한 원예치료, 베란다 농업, 옥상·벽면녹화, 텃밭 가꾸기 등을 통해 도시농업 기술을 꾸준히 개발·보급했다.

왕귀뚜라미, 장수풍뎅이 등 다양한 애완용 곤충의 번식 및 사육기술을 보급하여 산업화에 성공했다. 현재 1000억 원 수준인 곤충 산업규모를 향후 3000억 원 이상의 시장으로 확대할 계획이다. 음식물 쓰레기를 친 환경적으로 처리할 수 있는 동애등에 사육기술은 친환경적 기술로 대내외로부터 호평을 받고 있다.

도시농업이 선진국 수준으로 발전하기 위해서는 우선 국민의 공감대를 높여야 하고, 법과 제도 등 체계를 정비해야한다. 무단점유 형태로 무분별하게 운영되는 텃밭은 도시미관을 해치고 환경을 훼손할 수 있으므로 도시농업에 대한 제대로 된 교육 프로그램도 필요하다. 도시농업의 활성화를 위한 지원센터 설립, 체험·전시관 운영도 필요하다.

| 아시아경제 2010.04.02

도시농업 시대가 다가온다

도시민의 농업에 대한 관심과 참여 적극 키워나가야

도시민 생활 속에 농업이 깊숙이 자리 잡아가고 있다. 매일 먹는 식품만이 아니다. 도시 아파트의 실내 식물배치, 베란다 화초재배, 실내정원 조성, 아파트 옥상의 농원관리, 도심 텃밭 등에 널리 농업이 적용된다. 실내 공기정화, 감성 회복, 식물치료를 담당하는 건강 기능성 농업도 뜨고 있다. 새집증후군을 방지하기 위한 팔손이, 허브 등 식물이 인기를 끌고 있고, 스트레스 완화에도 효과가 있는 식물의 음이온, 향기 등이 중점 연구된다. 꽃이나 채소를 넘어 곤충, 동물 등으로 도시농업의 대상도 확대된다. 나비, 반딧불이, 귀뚜라미, 광대노린재 등 다양한 애완용 곤충이 정서순화나 실내 인테리어로 활용된다. 옥상에 설치한 아담한 도심정원은 도시민의 새로운 휴양공간으로 바뀌고 있다. 억새, 갈대, 야생화, 뽕나무, 컬러감자, 약용작물 등이 도시강변에 조화롭게 조성되어 새로운 활력을 준다.

도심 속 빌딩농장에 대한 관심도 크게 늘어난다. 빌딩농장(vertical farm)은 1999년 미국 컬럼비아대학의 딕슨 데스포미어 교수가 창안한 개념이다. 식량위기, 식품안전, 기후변화에 대비한 도시의 공장형 수직농장은 가시권에 와 있으며 우리나라 기업도 관심을 표명하고 있다. 30층 빌딩농장에서 5만 명이 먹을 수 있는 농작물을 생산할 수 있다고 하여 미국, 캐나다, 네덜란드, 일본 등 주요 선진국들이 추진 중에 있다. 최근 농촌진흥청에서 영하 40℃의 남극 대륙에 보낸 채소재배 시설도 일종의 빌딩농장의 사례이다. 유엔미래포럼은 2025년이 되면 도시농업, 관광농업이 급격히 증가할 것으로 예측하고 있다.

도시민의 64%가 귀농하고 싶다는 조사 결과와 같이 귀농에 대한 도시민의 관심 증대도 도시농업 열풍의 한 자락이다. 최근 농촌진흥청이 서울역에 개설한 야간 귀농교육의 인기도 폭발적이다. 도시생활의 실패자나 나이 많은 노인들이 참여한 것이 아니다. 기업인, 회사원, 교수, 공무원, 언론인 등 사회 각계각층의 성공한 시민들이 교육 참가자다. 40대가 주류를 이루나 20~30대의 젊은이도 있다. 도시 생활의 경험을 토대로 농촌에 개척정신과 새로운 가능성을 불어넣자고 하는 등 각오가 대단하였다. 선진국에서도 귀농이 활발하게 일어난다. 미국에서도 도시에서 성장한 약 8천 300만 명의 베이비붐 세대가 자연경관과 쾌적성, 주거 편의를 이유로 농촌 이주를 선호하고, 일본에서는 20~30대 젊은 세대가 취농(取農)을 목적으로 귀농하고 있다.

도시민의 농업정책에 대한 건의도 신선하다. 필자는 매주 목요일 '현장의 목소리'라는 전화상담을 한다. 현장의 불편이나 불합리한 규제, 정책건의 사항 등을 직접 듣고 해결하자는 취지이다. 실무자 중심의 민원 처리 방식에 새로운 대안이 될 수도 있고, 불합리한 규제가 기관장의 관심으로 고쳐지기도 한다. 청장과 직접 대화하니 당장 해결이 되지 않아도 기분이 좋다고 하는 농민도 있다. 농민 위주로 농촌 관련 사항만을 다루는 것도 아니다. 도시민들의 참여가 많고, 특히 귀농한 도시민의 농업정책 건의가 많고 매우 창의적인 아이디어도 많다. 도시민의 농업에 대한 참여와 관심은 어려운 농업문제를 해결하는 새로운 대안이 될 수 있다. | 영남일보 2010.03.06

Chapter

12

종자 챔피언 시대를 열자

골든 시드를 향하여

고부가가치 종자 개발로 자원전쟁에 대비하자

인구증가와 기상이변으로 식량불안이 가중되고 있고 그 중심에 종자 자원 확보를 위한 치열한 경쟁이 일어나고 있다. 중국·인도 등 개발도 상국의 인구증가는 식량소비 증대를 가속화시키고 가까이 다가온 기상 이변은 식량자원의 고갈을 예견한다.

식량자원 부족으로 향후 20년 내 식량전쟁이 일어날 것으로 전망하는 국제기구도 있다. 식량전쟁에서의 승자는 가장 많은 종자를 보유한 나라가 될 것이라는데 이견이 없다. 종자의 근원은 유전자원이고 식량 유전자원은 한 마디로 식량에 유용하게 사용될 가치가 있는 생물체이다.

'한 알의 종자가 세계를 바꾼다' 는 말이 있다. 종자시장의 중요성과 새로운 발전가능성을 두고 한 말이다. 전세계에 유전자원은 약 1000만 종으로 추정되나 이중 약 5%가 머지않아 소멸될 것으로 보고 있다.

우리나라도 양적으로 29만 점을 보유한 세계 6위의 유전자원 보유국 이지만 질적 다양성과 우수성은 높은 편이 아니다. 우리나라는 기후대 가 아열대에서 한대까지 널리 분포하고 국토의 70%가 산지이고 강우량 이 풍부해 다양한 생물자원을 보유하고 있다. 그러나 콩 등 일부 자원을 제외하면 식량·특용·원예작물 등 많은 작물이 외국에서 도입한 유전자 원에서 유래한 품종으로 재배되고 있다. 식량 유전자원을 포함한 종자 자원의 확보가 중요한 이유가 거기 있는 것이다.

보유자원을 많이 확보하는 것과 더불어 종자자원을 지키기 위한 법 적, 제도적 기반을 구축하는 것도 필요하다. 우량종자를 많이 확보하여 세계적 경쟁력을 가진 종자를 만드는 것이 종자 강국이 되기 위한 기본적 과제이다. 종자시장의 고부가가치는 더 강조할 필요도 없다. 지난 2008년 말 기준으로 700억 달러 수준의 종자시장은 오는 2020년에는 1700억 달러가 될 것으로 전망된다. 세계 종자시상의 1.5% 징도에 불과한 우리 종자시장은 새로운 블루오션을 세계시장에서 찾아야 한다. 종자의 생산, 육종, 수출, 품종 관리 등 전 분야에 걸친 연구개발과 지원확대 등 종합대책을 수립해 종자전쟁에 대비해야 한다.

종자산업의 글로벌화는 이미 가까이 와 있다. 세계 선진국의 글로벌종자 회사는 유전자원을 확보하고 품종보호권을 해마다 강화하고 있다. 다국적 기업들은 인수·합병을 통해 시장지배율을 더욱 높이고 있는 바 10대 종자기업의 시장점유율이 1996년 14%에서 최근에는 67%를 상회한다. 종자 후진국의 종자주권확보는 더욱 어려워지고 종자의 해외의존도는 더 높아질 것이다. 기후변화에 대비하고 건강에 대한 관심고조로 건강 관련 품종 개발도 치열해지고 있다.

정부는 종자산업에 대한 전략을 획기적으로 개편해 나갈 것이다. 우선 종자산업이 수출산업으로 정착할 수 있도록 산·학·연·관의 연구역량을 결집시켜 품종 개발·육성 및 사업화까지를 전반적으로 담당하는 연구개발(R&D) 체제를 구축할 계획이다. 대표적인 것이 R&D와 산업을 연계하는 골든시드(Golden Seed) 프로젝트이다. 이 프로젝트는 1,000만 달러 수준의 수출용 종자 20개 이상을 전략적으로 개발하는 것이다. 골든시드란 금값 이상의 가치를 가진 고부가가치 종자를 의미한다.

예를 들면 흑색 방울토마토 종자 1g(250알)은 7만 5000원으로 2011년 4월 기준 금값의 1.3배에 해당할 만큼 높은 가치가 있다. 신종플루 치료제인 '타미플루'의 소재는 중국의 '팔각회향'이라는 식물이다. 토착식물의 우수 종자자원을 활용하여 연간 30억 달러 이상의 고부가가치를 올리는 사례와 같이 주변 종자자원을 적극 활용하여 건강기능성, 신의약 소재를 개발해야 한다. 골든시드 프로젝트를 토대로 종자회사가 주도적으로 연구자와 협력하고 정부는 이를 뒷받침해야 한다.

우리나라가 식량안보를 담보하는 세계에서 가장 우수한 종자를 만들어 낸다면 식량전쟁에서 반드시 승자가 될 수 있다. 생명반도체라 할 수 있는 종자를 육성해 식량안보를 지키고 미래의 민족자원을 지켜나가야 한다. 종자산업 육성과 지원에 국민 모두의 지혜를 모아 주기를 부탁드린다. | 서울경제 2011.05.06

농업은 녹색성장 이끄는 6차산업

농업은 미래 선진국으로 가는 열쇠

녹색성장은 국가적 과제이고 미래의 인류가 나아갈 방향이다. 기후변화와 지구온난화, 수자원 고갈과 생물자원 감소, 식량위기에 대비할 뿐 아니라 새로운 성장동력을 갖추기 위해서도 농업 분야의 녹색기술 개발이 절실하다. 선진국에서도 농업 녹색기술의 중요성을 새로이 인식하고 농업을 고부가가치 신성장동력으로 육성하는 방안이 활발히 추진되고 있다. 미국은 LED 활용기술과 함께 축산분뇨 처리기술(Super Soil System)을 미래 신성장동력으로 강조하고 있고, 일본은 농업을 국가경제의 성장과 발전을 가져올 미래 핵심 산업으로 규정했다.

농업 분야의 녹색성장 과제와 응용 범위는 무한하다. 다이어트용 쌀, 임산부용 쌀 등 다양한 맞춤형 기능성 쌀은 물론, 항산화 및 노화방지 기능이 우수한 컬러 고구마, 컬러 감자, 컬러 버섯 등 다양하다. 실크 단백질을 이용한 인공고막, 유전자제어 복제돼지(Xeno)를 이용한 바이오장기 생산 등 의약용 제품 개발도 활발하다. 새로운 농업 녹색기술은 식량의 안정적 생산을 넘어 바이오에너지 작물 생산, 돌발 병해충 방제, 황사 관리, 물 절약, 도시농업, 지열 이용 냉난방기술, 빌딩형 식물공장 등 최첨단 융복합 산업으로 발전하고 있다. 농업이 1차(식량)+2차(가공)+3차(관광)+α산업이 융복합 된 6차 산업으로 고부가가치를 창출하는 녹색성장 산업으로 탈바꿈하고 있는 것이다.

농업 연구도 마찬가지다. 과거 농업 연구가 배고픔을 해결하기 위한 쌀 생산 증대에 집중했다면 최근에는 다양한 기능성을 살려 고부가가치를 창출하는 신기술 개발에 역량을 모으고 있다. 한 예로 잠업 연구는 사양산업인 잠업을 유망산업으로 각광받게 했다. 실크 옷감뿐 아니라 뽕잎 차, 오디 주스, 화장품, 비누, 치약 등을 개발했으며 세계 최초로 인공고막을 제조했고 인공뼈 개발에도 박차를 가하고 있다. 인공뼈의 세계시장 규모는 5조 원 대를 넘는다. 우리 농업기술이 그만큼 발전한 것이다.

농촌진흥청에서는 지난해 아시아지역 14개국의 농식품 기술협력 선도를 위한 아시아 농식품 기술협력 이니셔티브(AFACI)를 설립했다. 올해는 한·아프리카 농식품 기술협력 이니서티브(KAFACI)를 구축해 협상 대상을 아프리카까지 확대할 계획이다. 또한 베트남, 캄보디아 등 10개국에 해외농업기술개발센터(KOPIA)를 설치해 현지 맞춤형 농업기술을 공여할 예정이다. 글로벌 농업 협력을 통해 개도국의 발전을 제시하는 새로운 원조 모델을 만들어나가 국격 제고에 이바지할 것이다.

노벨경제학상을 받은 쿠즈네츠 박사는 "농업발전 없이는 중진국의 선진국 진입이 어렵다"고 강조했다. 프랑스의 사르코지 대통령도 "농업은 미래를 여는 열쇠"라고 강조했고, 상품 투자의 귀재인 짐 로저스는 "앞으로 20~30년간 가장 유망한 산업은 농업"이라고 전망했다. 녹색성장과 국격 제고라는 국가적 과제를 구체적으로 실천하고 있는 분야도 우리 농업이다. 국가의 미래가 걸린 성장동력을 창출하기 위해서 우리 농업을 새롭게 인식해야 할 시점이다. | 위클리공감 2010.05.05

생명반도체 종자전쟁

우수 종자 개발 없이는 살아남지 못 해

글로벌 시대를 맞아 농업정책 개혁에 대한 논의가 활발하다. 농촌진흥청은 농업 경쟁력 강화 방안의 하나로 유전자원 확보와 종자산업 육성에 많은 노력을 기울이고 있다. 종자는 '생명반도체'라고 한다. 생명을 가지고 있는 고귀한 유전자원이고 반도체 이상의 높은 가치를 갖기 때문이다. 농업의 뿌리는 종자이고 작물 재배의 기본이 우량 종자 확보다. 종자는 다양한 환경에서 자생하는 야생종으로부터 자연교잡종, 전통적으로 농가에서 재배한 재래종이 있다. 최근에는 인공교잡 품종의 상업화가 크게 늘고 있고 유전자변형 품종으로 발전해 식량, 의약품, 기능성 물질 등 다양한 신소재로 사용된다.

지난해(2009) 전 세계를 강타한 신종 플루의 치료제인 타미플루가 평범한 조미료 식물이었던 팔각회향으로 만들어졌다는 사실은 별로 알려져 있지 않다. 아스피린, 택솔, 키니네와 같은 의약품 소재가 식물 유전자원이다. 경제협력개발기구(OECD)에 따르면 세계 생물산업의 경제적 가치는 2010년에 약 160조 원에 달할 것이며 종자 등 생물자원의 경제적 가치는 점차 증대될 것이다.

문제는 세계적으로 기후변화와 급격한 산업화 등의 이유로 유전적 다양성이 감소하고 해마다 약 5만 종의 생물자원이 사라지고 있다는 점이다. 지구 온도가 2도 이상 상승하면 2050년까지 동식물의 약 25%가 멸종할 것으로 전망한다. 국내 생물종의 감소도 빠르게 진전되며 해마다 약 200종이 사라지고 있는 게 현실이다.

그 결과 선·후진국을 막론하고 유전자원 수집과 보존에 막대한 노력을 기울이고 있다. 미국은 19세기부터 세계 각국의 자원 수집에 역점을 두어 현재 51만 점을 보유한 세계 최고의 유전자원 보유국이다. 중국 인도 러시아 일본 등 유전자원 보유량 수준이 강대국 순서라고도 한다. 글로벌 시대를 맞아 자원 수집뿐만 아니라 자원주권, 지적재산권, 이익 분배 등에 대한 논쟁도 증대되고 있어 종자자원을 둘러싼 치열한 국가 간 경쟁을 '총성 없는 종자전쟁'이라고 하고, '종자 주권시대'가 도래했다고도 한다. 종자가 없는 나라는 주권이 없는 식민지라는 이야기다.

우리나라는 부존자원도 풍부하지 않고 유전자원의 중요성에 대한 인식도 낮았다. 다행히 농촌진흥청에서 2008년 농업유전자원센터를 설치해 우리나라는 식물, 미생물, 가축자원 등 27만 2000점을 확보한 세계 6위 유전자원 보유국이 됐으며 국제종자보관소로 공인도 받았다. 자원 보유량 못지않게 자원의 증식과 이용, 외국 자원의 수집도 중요하다. 특히 토종 자원의 중요성을 재인식하고 발굴과 보존, 활용에 국민들이 협조를 해야 한다. 우리 토종 종자의 보유량은 3만 6000점으로 전체 보유 종자 자원의 23%에 불과하다. 전통적 농업국가로 과거에는 다양한 토종 종자가 존재했으나 근대화 과정에서 많이 사라져 이대로 가다가는 멸종될 우려도 있다.

토종에 대한 국내 관심이 떨어진 것과 대조적으로 토종 자원이 해외로 건너가 명품이 된 사례도 있다. 미국의 노먼 볼로그 박사가 개발해 노벨평화상을 수상했던 '앉은뱅이 밀'도 국내 밀을 원료로 한 것이다. 원추리는 미국에서 '백합'으로, 털개회나무는 미국으로 건너가 '미스김

라일락' 품종으로 개량돼 국내에 역수입되고 있다. 유출된 토종 자원의 반환 노력 결과로 최근 미국 일본 러시아 독일에서 4000여 점을 반환받았다.

농촌진흥청은 사라져 가는 곡물, 채소, 약용, 특용작물 등 토종 종자를 발굴·보존하기 위한 '토종 송자 기증 캠페인'을 전개하고 있다. 대를 물려 간직해 온 수십 점의 토종 종자를 들고 찾아오는 시골 할머니나 보관하고 있는 희귀 종자를 기증한 독지가의 정성이 고맙다. 농업 녹색성장의 기본이 되는 토종 자원 수집에 국민 모두의 적극적인 동참을 기대한다. | 매일경제 2010.04.19

종자 챔피언 시대를 열자

종자 분야는 농업의 황금알을 낳는 거위

대한민국이 역대 최고 성적을 올린 밴쿠버 동계 올림픽(2010)의 열기가 아직도 뜨겁다. 올림픽에만 챔피언이 있는 것이 아니다. 세계시장에서 잠재력을 가지고 있지만 대중에게 잘 알려지지 않은 챔피언급 회사들을 히든 챔피언(Hidden Champion)이라 한다. 한국 농업 분야도 히든 챔피언이 있는 바, 바로 종자산업이라 할 수 있다.

종자의 중요성은 더 강조할 필요가 없다. 농업경쟁력의 핵심이 기술경쟁력이고 기술경쟁력의 기본이 되는 것이 종자다. 우리나라의 종자산업, 특히 벼, 채소, 과실류의 육종이나 재배기술은 자타가 공인하는 세계1위이다.

숙명이었던 보릿고개를 극복하고 식량자급을 이루어낸 것은 다름 아닌 '통일벼' 종자의 개발이다. 통일벼 품종개발은 교육과학기술부에서 선정한 반세기 대한민국의 최고 10대기술(Top 10) 기술 중 1위에 올라 있다. 통일벼의 품종개발과 보급은 종자산업의 중요성을 재인식하고 투자증대로 이어져 많은 신품종개발 성과로 나타났고 녹색혁명(Green Evolution)의 기초가 되었다. 농업 분야에서 종자의 중요성을 나타내는 좋은 사례이다.

화훼분야 품종개발도 종자의 챔피언 가능성을 제시해준다. 우리나라의 국화수출액은 연간 6백만 달러 수준이며 수출국은 주로 일본이다. 품종도 줄기 하나에 국화꽃 여러 송이가 피는 스프레이 국화가 대부분이었다.

세계 국화 소비량의 1위를 차지하는 일본시장에서 스프레이 국화의 소비는 20%에 불과하다. 대국이라고 말하는 줄기 하나에 한 송이의 꽃이 피는 스탠더드 국화의 소비가 50% 이상인데 대국 품종은 대부분 일본산이다. 말레이시아, 중국 등 동남아 여러 국가에서 일본산 품종을 생산하고 일본시장에서 각축전을 벌이고 있다.

최근 일본 국화시장에 한국산 국화 신품종이 돌풍을 일으키고 있다. 농촌진흥청에서 개발한 국화 신품종 '백마'가 일본에 상륙하자 일본 국화업계는 "이보다 더 좋을 수 없다"며 놀라움을 쏟아냈다. 첫 선을 보인 2007년 5백만 달러의 수출계약을 맺었다.

'백마'의 매력은 일본 품종에 비해 깨끗한 색상과 신선한 이미지, 볼륨감 있는 꽃모양, 오랫동안 감상할 수 있는 탁월한 절화수명이다. 다른 나라가 따라하기 어려운 장점을 갖추고 있는 '백마'는 우리 화훼육종기술의 우수성을 보여준 쾌거이며, 히든 챔피언이라 할 수 있다.

'백마'의 일본시장 제패는 우리에게 많은 것을 시사한다. 가장 중요한 것은 농업 부문에서도 세계 일등상품을 만들어낼 수 있다는 자신감을 가진 것이다. 품종개발의 경제적 성과도 매우 크다. '백마'의 경제적 가치는 기술가치가 375억 원, 파급효과는 1950억 원에 이를 것으로 추정된다. 그러나 한 두 품종이 일시적으로 경쟁력이 있다 해서 안주해서 안되며 갈 길이 아직 멀다.

네델란드 등 화훼 강국과 비교하면 아직까지 기술격차가 크고, 육종기반도 튼튼하지 못하다. 민간기업의 참여도 활발하지 못하고 종자 관리시스템도 선진화되어 있지 않다. 국제협약에도 적극적으로 대응해야 한다. 화훼시장에 대한 로열티 부담이 2008년에 160억 원을 초과하였고, 2013년부터 국제식물신품종보호조약(UPOV)이 전 농작물에 걸쳐 적용되면 로열티 부담이 더욱 늘어날 것으로 전망된다.

농업 분야에서 황금알을 낳는 분야가 종자 분야이다. '기술을 가진 자가 세계를 지배한다'는 말은 종자 분야에서 실증적으로 나타난다. 종자산업은 고부가가치 산업이나 신품종 하나를 개발하는데도 10년 정도의 오랜 시간이 걸린다. '백마' 품종에서 보았듯이 경쟁력 있는 신품종이 만들어지면 세계 일등 상품이 될 수 있다. 세계 6위의 보유 유전자원의 규모나 우리나라 육종인력의 우수한 능력에서도 가능성을 볼 수 있다. 우리 종자산업을 정보, 생명공학, 나노기술이 융복합되는 고부가가치 산업으로 발전시켜 종자 챔피언 시대를 열어가자.

| 아시아경제 2010.03.09

곤충 다시 보기

곤충 활용한 신농업혁명시대 멀지 않다

곤충의 움직임이 심상찮다. 올(2009) 봄에는 여러 신문에서 "꿀벌이 사라진다"며 걱정스런 보도를 했다. 250만 개의 벌통을 가진 미국에서는 몇 년 전부터 꿀벌의 집단 실종 현상이 벌어졌다. 꿀벌이 사라지면 인류의 생존도 위협받는다.

알베르트 아인슈타인 박사는 "만약 꿀벌이 사라지면 4년 내에 인류가 멸망할 것"이라고 경고했다. 지구상에 있는 식물의 75%가 꿀벌에 의해 수정되기 때문에 꿀벌이 사라지면 식물 멸종은 시간문제다.

메뚜기떼는 집단으로 농작물을 황폐화시키기도 한다. 곤충의 공격은 우리에게 이미 가까이 와 있다. 도심 한복판에서 매미가 지나치게 울어 소음공해를 일으키고 있고, 예전에 없던 갈색여치나 꽃매미와 같은 돌발 병해충이 급속히 늘어나 농작물에 큰 피해를 준다. 계절을 가리지 않는 모기의 서식도 염려스럽다.

해로운 곤충이라도 박멸시키기보다는 인간과 공생(共生)하는 지혜가 필요하다. 전 세계 약 130만 종의 곤충 중에 단지 1% 정도인 1만 5000여 종이 방제용이나 각종 소재로 활용된다. 나머지 99%에 이르는 곤충의 기능은 우리가 잘 알지 못한다.

우리 식생활에 중요한 채소류에는 진딧물이 골칫거리지만 '진디혹파리'라는 천적을 개발해 방제한다. 음식물 쓰레기를 먹어치우는 '동애등에'가 인기고, 장수풍뎅이와 귀뚜라미는 애완용 곤충으로 활용된다. 혈당을 낮추는 누에분말이나 강장기능을 가진 동충하초는 누에로 만든 기능성 식품이다. 전남 함평군의 나비축제는 곤충을 볼거리로 이용해 농촌지역을 관광명소로 발전시킨 사례다.

최근 농촌진흥청이 세계 최초로 개발한 인공고막도 누에고치에서 추출한 소재다. 조만간 누에고치를 이용해 인공뼈를 만들 계획이며, 인공뼈의 세계시장은 5조 원 대에 이른다. 곤충의 다양한 생태적 특성과 형태, 기능을 첨단 과학이나 기술로 융복합시키면 새로운 블루오션이 된다.

곤충안테나를 활용한 바이오센서, 곤충의 행동을 모방한 지능로봇(Robug) 등 곤충의 활용은 무궁무진하다. 혐오스러운 벌레라는 이미지의 곤충이 각종 식의약품, 생태환경자원, 첨단산업의 소재로 탈바꿈하고 있다. 미래학자 앨빈 토플러가 예견한 대로 가까운 장래에 곤충기술이 융복합 된 '신농업혁명'의 시대가 다가올 것이다. | 매일경제 2009.12.28

그리운 문익점

미래 농업 경쟁력은 유전자원 확보에 달려

미래의 농업 경쟁력은 신소재, 신품종, 신기술에 좌우된다. 경쟁력 있는 농산물 생산을 위해서는 신품종 종자가 필요하고 신소재를 가진 다양한 유전자원이 뒷받침되어야 한다. 건강 기능성·식의약 소재, 새로운 치료약, 천연섬유나 신소재 개발도 유전자원 없이는 불가능하다. 유전자원의 보유량 못지않게 증식과 새로운 활용도 중요하다.

선진국은 일찍부터 유전자원 확보에 힘을 기울였다. 19세기부터 해외 유전자원 확보에 역점을 둔 미국은 51만여 점을 보유한 세계 제1의 유전자원 강국이다. 우리나라는 26만 8000점의 유전자원을 보유한 세계 6위의 유전자원 보유국이나 증식·활용 면에서는 미흡하다. 전 세계적으로 해마다 약 5만 종의 생물자원이 사라지고 있으며, 현재 농촌진흥청이 보유한 토종자원은 3만 3000여 점에 불과하다.

토종 종자, 전통음식, 전통문화 등 토속 전통 자원의 우수성이 새로이 부각된다. 국내에서 알아주지 않는 토종 종자가 해외로 건너가 미스김라일락, 키 작은 밀 등 세계적인 명품이 되었음을 아는 사람은 많지 않다. 세계 굴지의 식품기업이 김치, 된장, 비빔밥 등 전통 한국음식에 대한 연구를 강화하고 있다. 전통음식이 가진 신비한 건강 기능성 때문일 것이다.

국제화 시대에 토종의 우수성은 세방화(Glocalization)라는 말로 대변된다. 세계화(Globalization)되고 지방화(Localization)도 된 세방화가 갖춰져야 경쟁력을 가진다.

10년 전 외환위기 사태로 나라가 어려웠을 때 우리의 소중한 토종 종자기업이 외국 기업에 인수·합병되었다. 지금 생각하면 추가 대책을 세워서라도 종자기업을 지켜내는 노력이 필요하지 않았나 싶다. 외국 기업에 넘어간 이후 종자 연구개발 투자가 증대되지 않았고, 종자산업 발전에 핵심이 되는 육종 인력들도 상당수 줄어들었다는 평가다.

어려울 때일수록 임시방편이나 단기 처방 위주의 대책에서 벗어나 근본적이고 장기적인 방안을 수립해야 한다. 유전자원의 지속적인 확보와 다양한 활용이 21세기 농업의 핵심 키워드다. 646년 전 붓뚜껑에 목화씨를 가져온 문익점 선생이 2010년을 맞이하면서 더욱 그리워진다.

| 매일경제 2009.12.19

농업이 녹색성장을 앞장서 이끈다

농업은 식량문제와 기후변화 두 가지 난제 풀어 미래 성장동력

오늘날 인류는 역사상 가장 절박한 문제에 직면해 있다. 생존과 직결되는 기후변화와 식량문제다. 잘사는 나라든 못사는 나라든 이 문제에서만큼은 누구도 자유롭지 못하다.

지난해(2008) 세계를 강타했던 식량파동은 지구온난화에 따른 기후변화가 직접적인 원인이었다. 지구온난화의 원인인 화석에너지에 의존한 산업은 이제 설 자리가 없어졌다. 이미 선진국을 비롯한 세계 여러 나라는 농업이 지닌 다원적 기능과 가치 그리고 무한한 잠재력에서 그 해답의 실마리를 찾아 농업을 '지속 가능한 새로운 성장동력' 즉 녹색성장의 중심축으로 본다.

오늘날 농업의 세계적인 흐름은 바이오 신약, 천연 염료, 기능성 건강식품 등 식품산업을 뛰어넘어 환경과 의학분야, 첨단 신소재 분야를 아우르며 기술집약형 고부가가치 산업의 원천소재로 그 가치와 영역을 확대해간다. 이는 IT(정보기술)를 기반으로 해 BT(생명공학기술)·NT(나노기술) 등 첨단 과학기술이 융·복합화한 결과다. 이제 농업의 성공 여부는 달라진 농업환경과 세계 흐름에 맞춰 기술력을 바탕으로 새로운 가치와 시장을 만들어내느냐 못하느냐에 달렸다. 우리나라는 비록 국토가 좁아 부존자원의 양이 상대적으로 적지만 다른 나라가 부러워할 만한 훌륭한 기후와 토양을 가졌다. 거기다 세계 어느 나라에도 뒤지지 않는 인적자원을 보유했으며 자타가 공인하는 IT강국이기도 하다.

농업과 BT·NT 등 첨단과학기술의 융·복합화는 IT기술을 전제로 하기 때문에 우리는 그만큼 유리한 고지에 서 있다. 또한 우리나라는 농업의 출발점이자 첨단 농업기술의 핵심이라고 할 '생명반도체' 종자 분야에서 우수한 기술력과 최첨단 유전자원 보관시설을 갖춘 세계 6위의 유전자원 보유국이다. 종자의 중요성을 깨달은 세계 각국은 국제식물신품종보호동맹을 맺고 종자권리 보호에 나섰다. 2013년 이 보호조약이 모든 농산물로 확대되면 전 세계는 치열한 종자권리 분쟁을 치를 가능성도 크다. 우리나라의 무나 고추 종자의 기술력은 세계 최고 수준이며 세계를 제패한 컬러 선인장은 우리의 육종기술 수준을 유감없이 과시한 사례다.

우리나라는 종자 분야의 우수한 기술력과 풍부한 유전자원을 활용해 동북아지역의 종자강국으로 성장할 충분한 잠재력을 지녔다. 우리나라는 세계 유수의 시설원예 보유국이기도 하다. 시설 재배지가 5만 3000ha에 이른다. 시설재배의 인프라와 경험은 농산물 수출에서 요구되는 규격화되고 균일한 품질생산을 가능케 한다. 이러한 정밀농업으로 유명한 농업강국 네덜란드와의 경쟁에서도 밀리지 않는 파프리카의 대량 수출은 한국 수출농업의 가능성과 희망을 심어주었다. 21세기는 세계적으로 건강한 삶을 추구하는 사회적 욕구가 커지면서 '웰빙'과 '로하스'라는 새로운 생활양식이 부상했다. 이러한 가치변화는 안전한 먹을거리를 요구하는 관심으로 이어져 친환경 농산물 시장은 날로 커진다.

개방화 시대에 우리 농산물의 가장 큰 경쟁력은 바로 안전함이다. 따라서 향후 농산물의 수출입은 친환경 안전농산물이 대세를 이끌어가리라 예상된다. 화학농약과 비료를 대체할 친환경적이고 안전한 농자재는 우리 농산물의 브랜드 가치와 경쟁력을 키워줄 뿐 아니라 그 자체로도 고부가가치를 내는 분야다. 농촌진흥청에서는 기후변화와 자원고갈이라는 절박한 문제를 해결하고자 화석에너지를 줄여줄 지열, 풍력 등 신생에너지 개발과 가축 분뇨 및 바이오매스를 활용한 바이오에너지 생산 연구 등 녹색기술 개발에 노력하고 있다. 또한 농산물을 활용하되 연구개발 영역을 농업 이외 분야까지 확대해 새로운 '블루오션'도 찾아내려고 애쓴다.

예를 들어 실크로 만든 인공뼈와 인공고막, 인공피부, 봉독(蜂毒)을 이용한 천연항생제 등 의료용 소재를 개발해 사양산업으로 여겨지던 잠업과 양봉업을 신소재산업으로 탈바꿈시켰다. 종자권리를 지켜내고 로열티 부담을 더는 신품종 개발과 화학농약을 대체할 천적을 활용한 생물농약, 미생물제제 등 안전한 농산물 생산에 필요한 기술개발에도 전력을 쏟고 있다. 꿈의 광원이라 불리는 LED를 농업에 활용해 비용을 절감하고 생산성과 품질을 높이는 효과도 이뤄냈다. 모두가 세계 농업의 변화를 읽고 녹색성장을 담아낼 녹색기술 개발에 매진한 결과다. 오늘날 농업은 식량문제와 기후변화라는 난제를 풀어갈 새로운 시장이자 지속 가능한 동력으로 거듭나고 있다. | 뉴스위크 2009.05.13

Chapter

13

러브콜이어지는
한국농업기술

| 농업기술 아프리카에 희망의 씨앗이다 |

| 아프리카에 농업 녹색혁명을 |

| 농업기술 협력 아시아 시대 연다 |

| 국격 제고와 농업기술협력 |

| 농업기술 국제협력의 실크로드를 연다 |

농업기술
아프리카에 희망의 씨앗이다

우리 농업기술 전수로 빈곤의 악순환 고리 끊는다

검은 대륙 아프리카의 경제가 꿈틀거리고 있다. 국제통화기금(IMF)의 세계 경제 전망에 따르면 아프리카 전체의 국내총생산(GDP) 성장률은 지난 10년 동안 항상 세계 GDP 성장률을 앞지르고 있다. 특히 석유를 비롯한 지하자원 개발을 배경으로 최근 수년간 5%가 넘는 경제성장을 거듭하고 있다.

하지만 아프리카 서민들의 경제 상황은 여전히 매우 어렵다. 빈부격차가 심하고, 민족·종교 분쟁 등 사회적 불안요소가 많으며, 특히 농촌지역이 매우 낙후돼 있다. 인구의 절반이 깨끗한 물을 공급받지 못하고 수많은 사람들이 말라리아·결핵 등의 질병으로 고통받고 있다. 10억 명 아프리카 인구의 40% 이상이 절대 빈곤과 기아상태에 놓여 있다.

선진국들이 막대한 원조자금을 투입해 아프리카를 돕고 있지만 상황이 진전될 기미가 보이지 않는다. 심지어 전문가들은 아프리카가 '원조의 덫'에 빠져 있다고 말한다. 막대한 원조자금이 부패한 관료의 호주머니로 흘러 들어가고, 남은 원조자금 또한 '원조활동'에 필요한 선진국의 인력을 활용하고 물건을 수입하는 데 투입된다. 넘쳐나는 원조물자로 인해 국내 산업은 제대로 기지개를 켜지 못하고, 전시 목적으로 설치한 시설과 장비들은 선진국의 지원이 끊어지는 순간 흉물로 변해 버린다.

이러한 때 우리나라는 경제협력개발기구(OECD)의 개발원조위원회

(DAC)의 회원국이 되면서 2015년까지 국민총소득(GNI)의 0.25%까지 원조 규모를 확대하기로 했다. 아프리카에 대한 공공개발원조 또한 1억 8000만 달러 수준으로 대폭 늘렸다. 국제사회가 특히 주목하는 것은 '대한민국의 경험'이다. 대한민국은 '빈곤 국가가 국제사회의 지원을 받아 선진 경제대국으로 발돋움한' 유일무이한 사례를 만들어 냈다. 대한민국은 아프리카가 무엇을 원하며, 어떻게 도와줄 수 있는지 누구보다 잘 알고 있다.

아프리카는 농업발전을 간절히 원하고 있다. 농업발전 없이 국가경제를 재건할 수 없고, 농촌경제 활성화 없이 빈곤의 악순환을 끊을 수 없기 때문이다. 우리는 근면·자조·협동의 정신으로 새마을운동을 일으켜 성공적인 농촌개발을 이루었으며, 세계 어느 곳에 내놓아도 손색이 없는 농업기술을 보유하고 있다.

(2010) 7월 초 서울에서 우리나라의 앞선 농업기술과 농촌개발 경험을 아프리카에 전수하기 위한 한-아프리카 농식품 기술협력 이니셔티브(KAFACI : Korea Africa Food & Agriculture Initiative) 출범식이 열릴 때 아프리카 16개국의 장·차관급 대표단이 한자리에 함께 모였다. 어떤 원조에도 무감각해졌다는 아프리카가 한국의 농업기술에 주목한 것이다.

우리 농업기술은 이미 아프리카에서 진가를 발휘하고 있다. 1972년부터 농촌진흥청의 초청훈련을 받은 425명의 전문가들이 아프리카 전역에서 활동하고 있다. 먹을 것을 직접 나누어 주면 몇몇 아프리카인의 허기진 배를 잠시 달래어 줄 수 있다. 하지만 농업기술은 아프리카 농촌의 구석구석으로 흘러 들어가 농민의 생활형편과 삶의 질을 실질적으로 개선할 것이다. | 중앙일보 2010.08.07

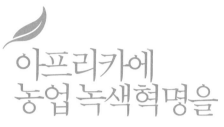

아프리카에
농업 녹색혁명을

우리 기술로 녹색바람 일으킨다

검은 대륙 아프리카와 우리나라가 빠른 속도로 가까워지고 있다. 경제적으로 서로의 장단점을 나누고 보완하며 우호적 관계를 구축한다. 국제통화기금(IMF)의 세계경제 전망에 따르면, 아프리카 전체의 GDP 성장률은 지난 10년 동안 항상 세계 GPD 성장률을 앞지른다. 석유를 비롯한 지하자원 개발을 배경으로 최근 수년간 5%가 넘는 경제성장을 거듭하고 있어 에너지와 자원을 전적으로 해외에 의존해야 하는 우리로서는 아프리카의 잠재력을 간과할 수 없다.

지난(2010) 7월 6일 우리나라의 앞선 농업기술과 성공적인 농촌개발 경험을 공유할 목적으로, 한-아프리카 농식품 기술협력 이니셔티브 (KAFACI : Korea-Africa Food and Agriculture Cooperation Initiative) 를 결성했다. 대한민국과 아프리카 16개국을 창립회원으로 하는 KAFACI의 출범을 축하하기 위해 정운찬 국무총리를 비롯한 각계 인사 200여명이 행사에 참여했다. 쏟아지는 호평과 열띤 취재를 접하면서 아프리카를 향한 대한민국의 관심과 열정을 다시 한 번 느낄 수 있었다.

하루 1.25달러 미만으로 생활하는 세계 절대빈곤인구 13억 명 중 약 30%인 4억 명이 아프리카에 살고 있으며, 이는 아프리카 10억 인구의 40%에 달하는 수치다. 농촌개발 없이 아프리카의 경제를 재건할 수 없고, 농업발전 없이 만성적인 기아와 빈곤문제를 해결할 수 없다. 농업 생산성을 높이는 것은 빈곤과 기아를 경감하는 가장 중요한 열쇠다.

2005년 경제협력개발기구(OECD) 보고서는 작물 수확량이 약 10% 증가 시, 하루 1달러 미만으로 살아가는 절대빈곤 인구가 6~10% 감소할 것으로 전망하면서 농업기술의 중요성을 강조하고 있다.

농업기술의 지원이 직접적인 식량원조에 비해 더 효과적이라는 예는 수없이 많으나, 에티오피아의 예를 들이보고자 한다. 1984년 기근으로 약 100만 명이 굶주려 숨진 후, 에티오피아에 대한 국제사회의 식량원조가 줄을 이었다. 작년에만 해도 약 4천 400억 원에 해당하는 식량원조가 이루어졌다. 그러나 여전히 인구 10명 중 1명은 국제원조로 연명해야 하는 참혹한 실정이다. 이와 같은 현상은 에티오피아뿐만 아니라 아프리카의 많은 식량 부족국가에서 일어나는 일반적인 현상이다. 식량원조는 기아상태를 일시적으로 해소하는 단기 처방이지, 궁극적인 해결책은 될 수 없다. 궁극적인 처방은 그들 스스로 농업생산성을 높여 식량을 자급할 수 있도록 자생력을 길러주는 것이다. 즉, '고기 잡는 법'의 전수가 절실한 것이다.

농촌진흥청은 지난 1970년대부터 지난해까지 아프리카의 농업전문가 400여 명을 초청해 훈련시켰고, 알제리에는 씨감자 생산기술을 지원했고 튀니지에는 양잠기술을 전수했다. 지난해부터는 케냐에 해외농업기술개발센터(KOPIA)를 설치해 현지 맞춤형 기술을 전수하고 있다. 그러나 우리나라가 속해 있는 아시아 지역에 비해 아프리카 국가에 대한 그동안의 지원노력은 상대적으로 미약했던 것도 사실이다.

검은 대륙으로 불리는 '지구상에서 가장 가난한 대륙' 아프리카에 대한 근원적인 지원을 더 이상 늦출 수는 없다. 농촌진흥청이 KAFACI를 출범시킨 이유다. 우리는 이제 KAFACI를 통해 본격적인 아프리카 지원에 나설 것이다. 아프리카 각국이 처해 있는 농업환경이 다양한 만큼 회원국별로 전문가 풀을 구성해 현지 농업을 체계적으로 분석하고, 이를 토대로 국가별 맞춤형 농업기술을 지원해 아프리카에 '녹색혁명' 의 바람을 일으킬 것이다.

'맞춤형 기술' 에 대해서도 신중한 고려가 필요하다. 예를 들어 나사 하나 구입할 수 없는 나라에 대형 농기계를 공급해 들녘에 거대한 괴물처럼 방치돼 있는 경우를 흔히 본다. 반면 우리가 케냐 KOPIA 센터에서 경험했듯이, 가령 못줄을 이용한 모내기 기술이라든가, 자전거를 이용한 탈곡기는 아주 단순한 기술임에도 불구하고 생산성을 20%나 증대시키는 놀라운 결과를 낳았다. 맞춤형 기술의 전수는 아무리 강조해도 지나치지 않다. 우리의 이러한 노력이 바탕이 되어 아프리카에서 녹색혁명의 신화를 재현한다면, 그것이 바로 국격을 제고하는 길이며 또한 홍익인간 정신의 실천을 통해 국제사회에서 진정으로 인정받는 대한민국을 만드는 길일 것이다. | 농촌여성신문 2010.07.19

농업기술협력
아시아 시대 연다

아시아 빈곤퇴치에 농업 선진국 한국이 앞장선다

인류는 아시아에서 문명을 잉태하고 발전시켜 왔다. 지구 육지 면적의 30%에 세계 인구의 60%가 살고 있다. 구매력을 기준으로 산출할 때 2009년 아시아는 전 세계 국내총생산(GDP)의 약 34%를 차지할 정도로 무한한 잠재력이 있다. 세계는 중국, 인도를 비롯한 거대한 아시아 시장으로부터 새로운 경제 활로를 찾고 있는 상황이다. 아시아가 유럽연합(EU), 북미자유무역협정(NAFTA)처럼 하나의 경제적 공동체를 결성한다면 세계의 역사는 아시아를 중심으로 다시 움직일 것이다.

아시아는 이러한 잠재력에도 불구하고 많은 문제점도 가지고 있다. 특히 식량부족과 빈곤문제는 아시아의 심각한 문제라고 할 수 있다. 심각한 곡물파동을 겪은 2008년 아시아개발은행(ADB)은 "전 세계 빈곤 인구 중 3분의 2 정도가 아시아태평양 지역에 살고 있다. 아시아에서 식량가격이 20% 오르면 하루 평균 1달러 미만으로 사는 절대빈곤 인구가 1억 명씩 늘어난다"고 지적한 바 있다. 아시아가 눈부신 경제성장을 거듭하고 있지만 여전히 식량위기로 인한 정치 경제적 불안요소가 상존하고 있기 때문이다.

국제사회는 아시아지역의 빈곤 퇴치를 위해 농업선진국인 우리나라의 역할에 많은 기대를 하고 있다. 농촌진흥청은 지난 1970년대부터 3400명이 넘는 개도국의 농업전문가를 초청해 훈련시켰으며 그 중 약 80%가 아시아 국가 출신이다. 이들 훈련생들은 각국의 농업부처, 대학,

연구소에서 중요한 역할을 담당하고 자국의 농업발전과 농촌개발을 위한 견인차로 활동을 하고 있다.

지난해(2009)부터는 개도국에 한국형 농업기술지원의 성공모델을 만들고자 베트남, 미얀마 등 아시아 3개국을 포함한 전 세계 7개국에 해외 농업기술개발(KOPIA) 센터를 설치했다. 국가별로 필요한 분야의 농작물 재배시험, 농업기술 공동연구, 전문가 파견, 맞춤형 기술이전, 교육 훈련 등 다양한 활동을 통해 그들 스스로 문제를 해결하는 능력을 키워 주는 지원사업을 하고 있다. 해외농업기술개발센터는 현지 국가의 기대가 높아 수요를 반영해 필리핀, 민주콩고 등에 지속적으로 확대 설치할 계획이다.

그러나 우리나라가 모든 국가를 지원할 수는 없다. 이에 농촌진흥청이 주도해 지난해 11월 아시아 12개국이 참여한 아시아 농식품 기술협력 이니셔티브(AFACI)를 결성, 아시아 국가 간의 농업협력의 장을 마련했다. 지난 4월 AFACI 제1차 총회가 필리핀에서 개최됐고 필자와 필리핀 농업부의 뿌얏(Puyat) 차관이 공동의장으로 선출됐다. 아시아가 함께 공유할 수 있는 '농업기술정보 네트워크', '국경 이동성 병해충 관리 네트워크', '농업연구개발과 기술보급 시스템의 발전방안' 등 범아시아 차원의 현안문제 해결을 위한 과제를 확정했다.

식량부족에 따른 아시아 국가의 기아와 빈곤의 문제를 선도적으로 해결하는 방안은 농업기술의 협력지원이 매우 중요하다. 21세기의 진정한 국력은 강력한 군사력보다 국제사회의 신뢰를 바탕으로 한 국가의 품격으로부터 비롯됨을 인식하고 글로벌 시대의 농업 분야 협력을 전략적으로 추진해야 한다. | 아시아경제 2010.06.11

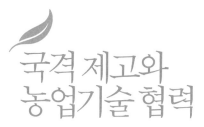

국격 제고와 농업기술 협력
선진 농업기술로 개도국 지원에 앞장선다

　오는(2010) 11월 서울에서 개최되는 G20 정상회의는 역사적인 자리가 될 것이다. 선진 20개국 정상이 모여 향후 국제사회를 움직여 나갈 경제·금융체제를 논의하고 세계경제의 미래그림을 그려 나가는 주요한 행사이다. 이 기회를 잘 활용하면 우리나라는 수준 높은 조정의 리더십을 발휘할 수 있고, 더 이상 불행한 변방의 주변국이 아니라 세계의 중심국이라는 사실을 전 세계에 알릴 수 있다.

　국제사회는 대한민국이 경제적 위상에 걸맞은 역할을 담당할 것을 기대하고 있다. 지난해 OECD 개발원조위원회에 가입한 우리나라는 공적개발원조의 규모를 국민총소득 대비 현재 약 0.1% 수준에서 2015년까지 0.25%수준인 약 30억 달러까지 확대할 계획이다.

　국제사회에서 존중받는 진정한 선진국이 되기 위해서는 개발도상국의 기아극복을 위한 실질적인 지원 노력을 해야 한다. 그러나 원조 규모의 확대가 언제나 성공적인 원조성과로 나타나지 않는다. 아시아나 아프리카의 개발도상국에 그동안 국제사회는 천문학적인 원조자금을 퍼부었으나 성공한 사례는 많지 않다. 여전히 많은 나라가 기아와 절대빈곤에 시달리고 있는 것은 원조 규모에 못지않게 원조방법이 중요하다는 사실을 잘 나타내준다. 잠비아 출신의 경제학자 담비사 모요박사는《죽은 원조》(Dead Aid)라는 저서를 통해 선진국의 일방적인 원조를 통렬히 비판했다.

우리나라는 외국 원조를 토대로 단기간에 경제발전에 성공한 유일한 나라이다. 반세기만에 최빈국에서 선진국에 진입한 우리나라의 발전전략에 대하여 많은 개발도상국이 성공 모델로 삼고 있는 것은 주지의 사실이다. 농업 분야, 특히 식량생산에 관해서는 세계적인 성공 모델이다. 통일벼 개발로 민족의 숙원인 보릿고개를 극복하고 짧은 기간에 식량자급을 이룩하여 경제발전의 터전을 이루었다. 국가 중심의 연구개발 기관이 지닌 역량과 노하우를 결집하여, '물고기 잡는 방법'을 전수하는 원조 방식은 새로운 성공모델로 국제적 평가를 받고 있다.

우리의 앞선 농업기술을 전수해 달라는 각국 요청이 많고 외국 정부 고위관계자의 농촌진흥청 방문이 줄을 잇고 있다. 기아극복과 빈곤탈출을 위해 가장 기본이 되는 농업·농촌개발 경험을 배우자는 절실한 필요 때문이다. 농촌진흥청은 지난 70년대부터 지금까지 3천여 명이 넘는 외국인에게 농업기술을 교육하고 훈련생을 배출하였으며, 그들 가운데 상당수가 각국의 농업 관련 부처나 대학, 연구소에서 중요한 역할을 담당하고 있다.

현지 수요를 반영한 맞춤형 농업기술을 보급하여 스스로 개발 능력을 키워주는 교육 및 훈련 중심의 해외지원은 매우 중요하다. 농촌진흥청은 지난해 베트남, 미얀마, 우즈벡, 케냐, 브라질, 파라과이에 해외농업기술개발센터(KOPIA: Korea Project on International Agriculture)를 설치하였다. 전문가를 파견하여 현지인 교육과 훈련을 실시하고 공동연구도 수행한 결과 뜨거운 호응을 얻고 있다. '물고기 잡는 방법'을 넘어 이제 '물고기를 함께 기르는 방법'도 추진 중이다. 지난해 11월, 우리나라의 주도로 아시아 12개국이 자발적으로 참여하는 아시아 농식품

기술협력 이니셔티브(Asian Food and Agriculture Cooperation Initiative)를 결성하였다.

아시아의 기아·빈곤 문제를 스스로의 힘으로 해결하겠다는 의지를 가지고 공동연구와 농업교류 협력을 증진하는 협의체이다. 하나의 아시아(One-Asia)로 가는 중심적인 역할을 농업 분야가 맡고 우리나라가 주도적인 역할을 할 것이다. 올해에는 한 걸음 더 나아가 아프리카와의 교류협력도 강화할 계획이다. 한-아프리카 농식품 기술협력 협의체를 구축하여 농업기술 보급과 국제협력의 무대를 아프리카까지 확장할 것이다. 기아와 빈곤으로 고통받는 아시아와 아프리카인을 도와주는 것은 우리민족 고유의 인류 사랑을 실천하는 것이다. 대한민국의 품격을 높이고 더 큰 대한민국을 만들어 나가는데 농업 부문이 앞장서 나갈 것이다. | 영남일보 2010.04.03

농업기술국제협력의
실크로드를 연다

아시아 농업기술협력의 허브로

국제화, 세계화의 파도를 넘고 있는 한국 농업은 이제 적극적인 국제 농업협력을 통해 새로운 활로를 모색하고 있다. 미국, 유럽, 일본 등 선진국과의 교류협력을 강화하여 농업의 신성장동력을 발굴하고 있고, 후진국이나 개발도상국과의 기술지원 확대로 국제사회의 책임 있는 국가의 역할을 다하고 있다.

주요 선진국 및 국제 연구기관에는 상주연구원을 파견하여 첨단 녹색기술 정보 수집 강화 및 공동연구를 확대하고 있다. 또한 북미지역(미국, 2006), 유럽지역(네덜란드, 2009), 남미지역(브라질, 2009) 등 권역별로 농촌진흥청 해외협력연구실(RAVL: RDA-Abroad Virtual Laboratory)을 확대 설치하여 주재국 및 주변국과의 연구기술협력 네트워크를 총괄하고 있다.

이와 함께 세계적으로 정평이 난 농업유전자원관리 능력을 바탕으로, 우리나라가 농업 분야 자원협력의 허브 국가로 발돋움하고 있다. 국제식량농업기구(FAO)가 인증하는 세계종자 안전중복보존소를 운영하고 있고 국제생물다양성연구소(Bioversity International) 인증 국제유전자원 협력훈련센터의 역할을 하고 있다. 또한 풍부한 농업유전자원을 보유하고 있는 브라질 농업연구청의 아시아 협력연구센터(Labex-Korea, 2009)를 농촌진흥청 내에 유치하여 범세계적인 농업연구에 앞장서고 있다.

우리나라의 농업기술의 국제협력은 식량생산증대나 영양공급확대 등 보편적 인류애를 추구하는 데 기여하고 있다. G20 정상회의를 주관하는 나라의 품격에 걸맞게 국제사회에서 책임 있는 역할을 수행하여 실용 농업기술을 전수하는 것은 이념과 사상을 인류에 대한 사랑의 구체적 실천행위이기도 하다. 그러나 일방적인 원조나 이벤트성 지원만으로는 개발도상국의 진정한 성장에 도움이 되지 않는다. 우리는 '농업기술 전수를 통한 자립기반 확립'이라는 새로운 시도를 하고 있다. 개발도상국 현지 수요를 고려한 맞춤형 농업기술의 개발과 전파를 위하여, 주요 협력 대상국에 농촌진흥청 해외농업기술개발센터를 설치하였다. 2009년 한 해 동안만 베트남, 미얀마, 우즈베키스탄, 케냐, 브라질, 파라과이 등 6개국에 설치하였으며, 올해에는 민주콩고, 캄보디아 등에 4곳을 추가로 설립할 계획이다.

국제협력 활동을 조직화하고 파급효과를 극대화하기 위하여, 지난 11월에는 우리나라의 주도로 태국, 필리핀, 인도네시아, 라오스, 몽골 등 아시아 12개국이 참여하는 아시아 농식품 기술협력 이니셔티브 (AFACI: Asian Food and Agriculture Cooperation Initiative)를 결성하였다. AFACI의 결성은 우리나라가 명실공히 아시아 권역의 농업기술협력 리더 국가로 공인되는 계기가 되었다. 나아가 아시아의 기아·빈곤 문제를 아시아인 스스로의 힘으로 해결할 수 있다는 자신감과 의지를 표명했다는데도 큰 의의가 있다.

현재 AFACI 사무국은 농촌진흥청에 설치 중에 있고, 다양한 국가별 ·권역별·범아시아 농업기술 개발 프로젝트를 기획중이다. 향후 아시아 농업정보센터를 운영하고, 농촌개발의 새로운 모델을 정립하기 위하여 아시아형 MVP사업(Millennium Village Project)을 추진하는 등 아시아 권역 농업기술협력의 허브로 거듭나게 될 것이다.

올해(2010)에는 한-아프리카 농식품 기술협력 협의체(Korea-Africa Food and Agriculture Cooperation Initiative)를 구축하여, 국제협력의 활동무대를 아프리카까지 확장할 계획이다. 대한민국의 품격을 높이고 국가간 경제권역간 상생을 추구하는 것은 궁극적으로 우리 농업·농촌의 발전으로 이어질 것이다.

농업을 경쟁력 없는 1차 산업으로 바라보는 낡은 시대의 사고는 글로벌 시대에는 어울리지 않는다. 지난 2월 3일 '제7차 녹색성장위원회 보고대회'에서 밝힌 바와 같이, 농업과 농촌은 이미 녹색성장의 중추 산업으로 변모하고 있다. 지난 해 일본경제재정자문회의가 '농업과 관광'을 향후 10년간 일본 경제를 주도할 성장동력으로 지목하고, 미국의 오바마 대통령이 글로벌 경제체제에서 성공할 수 있는 가족농을 육성하기 위한 대규모 농촌플랜을 제안한 것도 같은 맥락으로 이해할 수 있다. 본격적인 글로벌 시대를 맞아 농업녹색기술의 개발로 신성장동력을 창출하고, 국제협력의 기반을 갖추어 나가야 할 시기이다.

| 공감코리아 2010.02.22

푸 른 농 촌 희 망 찾 기 프 로 젝 트

한국농업 미래 비전이 보인다

양파와 국민건강
농산물 유통개선

농산물 가격안정 위한 유통구조 개선 필요

만날수록 새롭고 매력적인 사람을 일컬을 때 '양파 같은 사람'이라고 한다. 그러나 양파도 무한정 벗겨지는 것은 아니다. 양파는 8겹으로 되어 있다. 사람도 무한정 매력적일 수는 없다. 깊고 넓은 사람이 되려면 끊임없이 공부하고 많은 생각을 해야 한다.

양파는 오래전부터 인류가 사용해 왔다. 주로 음식을 만들 때 많이 사용하는 식재료나 신비한 치료효과도 지녀 동서양을 막론하고 많이 애용됐다. 기원전 5천 년 경 페르시아에서는 신에게 바치는 물건으로 쓰였다고 하며, 고대 이집트에서는 피라미드를 쌓는 노예의 체력 강화를 위해 날마다 양파를 먹었다고 한다. 고대 그리스에서는 양파가 혈액의 균형을 바로잡아 준다고 믿어 운동선수가 양파를 많이 섭취했다고 한다. 중세에는 집세를 양파로 대신 내거나, 양파를 선물로 주고받았다.

양파는 고혈압, 동맥경화 등 성인병 예방에 좋은 식품이다. 기름진 음식을 많이 먹는 중국인의 심장병 발생률이 미국인의 10분의 1에 불과한 것은 양파 때문이다. 양파의 항산화 성분이 심혈관 질환 및 항암치료에 효과적이라는 임상연구결과도 있다. 콜레스테롤과 중성지방을 감소시키고 당뇨병, 비만 등 성인병 예방에도 효능이 있다. 칼슘과 철분이 풍부한 양파는 신진대사를 촉진해 피로회복과 소화촉진, 원기회복에 좋다.

양파의 매운맛과 강한 냄새는 육류나 생선의 냄새를 없애는데 유용하며, 익히면 단맛이 나기 때문에 어떤 요리에든 잘 어울린다. 중국 음식에는 양파가 안 들어가는 것이 없을 정도로 양파를 많이 사용한다.

우리나라에서 양파는 마늘, 고추 등과 함께 각종 음식에 빠지지 않는 조미 채소류다. 양파의 소비량도 많다. 우리 국민 1인당 평균 양파 소비량은 1990년에 7.4kg이었으나 2011년에는 31kg으로 크게 증가했다. 전 세계 1인당 연간 양파 소비량이 8.5kg인데, 우리는 세계 평균의 4배 정도다.

우리나라는 중국, 인도, 미국 등에 이어 세계 10대 양파 생산국이다. 지난해 양파 생산량은 약 120만t이었으나, 우리 국민의 소비량은 130만t 정도다. 구조적으로 연간 10만t이 부족하다. 물량이 부족하니 국내 가격이 상승한다. 올해도 수입물량을 늘리고 시장방출 조정을 통해 가격 안정을 추진했으나 미흡한 실정이다.

최근 양파 소매가격이 kg당 3천 원 아래로 떨어졌다. 4천 원을 웃돌던 한 달 전에 비하면 크게 하락했으나, 작년 평균가격인 1천 600원에 비해서는 매우 높은 수준이다. 들쭉날쭉하는 양파 가격을 안정시키기 위해 많은 노력을 기울였으나 복합적 요인으로 쉽지 않다. 양파가격 안정을 위해서는 우선 안정적 생산기반을 갖춰야 한다. 양파 저장업자나 유통상인의 농간도 방지해야 한다. 한 해 작황이나 수익 때문에 양파를 포기하고 다른 작물로 전환하지 않도록 농가를 지도하는 것도 중요하다.

또 유통과정상 불합리한 비효율과 낭비를 없애야 한다. 양파의 유통비용은 72% 정도이다. 농가 수취가격은 28%에 불과하다는 이야기다. 고령화된 농촌 인력구조, 생산여건, 물류비, 인건비, 시장거래제도 등 여러 요인으로 유통 비용이 증가한다.

최근 정부는 농산물 유통구조 개선 종합대책을 발표했다. 단순히 유

통단계 축소에 그치지 않고 다양한 유통경로를 개발하고 직거래 체제를 강화하며 도매시장 제도를 개선하는 것이 핵심이다. 대형 마트가 주도하는 소매 유통도 경쟁을 유도한다. 계획대로 추진되면 유통비용이 10~15% 줄어들 것이다. 오랜 거래관행이나 생산 특수성 때문에 농산물 유통비용 절감이 쉽지만은 않으나 불가능한 것은 아니며 정부 대책이 상당한 효과를 낼 것이다. 우리 국민의 식생활에 꼭 필요한 양파다. 가격의 지나친 폭등이나 폭락을 방지하기 위해 농업인과 유통 관련자, 시장 종사자의 적극적인 협조도 필요하다. | 영남일보 2013.06.14

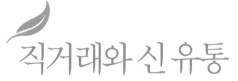

직거래와 신 유통

도농간 직거래 활성화로 신 유통시대 열어나가야

농산물을 생산하는 농업인이나 구매하는 도시 소비자가 모두 바라는 것이 있다. 적정한 가격에 농산물을 사고파는 것이다. 거래가격에 구매자와 판매자가 모두 만족하기는 쉽지 않다. 가격에 대한 불만이 유통 문제와 겹쳐서 농산물 시장의 정상적인 수요 공급 기능을 저해하고 생산자와 소비자 모두 불평하는 결과를 가져오기도 한다. 역대 정부에서 농산물 유통개선을 위해 많은 노력을 하였으나 아직까지 미흡한 수준이다. 과거 정부는 주로 도매시장이나 공판장 건설 등 시설개선에 치중하였고 시장거래제도나 운영, 유통정보, 직거래 등 소프트웨어 측면의 성과는 낮았다.

기상여건, 인력부족 등 농산물 생산의 구조적 어려움도 있다. 최근 정부는 유통개선 방안의 하나로 직거래를 대폭 확대하는 방안을 추진 중이다. 직거래의 여러 유형 가운데 사이버 직거래를 확충하고, 지역 농산물 판매 개념의 '꾸러미 사업'도 추진하고 있다. 꾸러미 사업은 소비자들이 정기적으로 콩나물, 두부, 취나물, 달래, 유정란 등 시골에서 직접 기른 제철 농산물과 음식 꾸러미를 배달받는 직거래 유통방식이다. 농가는 연초에 소비자(회원)로부터 선납금을 받고, 지역에서 생산된 제철 농산물 10~12가지를 한 꾸러미 형태로 1주 또는 2주 단위로 정기적으로 배송한다. 꾸러미 사업은 미리 가격을 정해주기 때문에 소비자와 농민 모두 가격 급등락 위험에서 벗어날 수 있고, 유통비용이 줄어들어 농가소득이 증대되고, 안전하고 신선한 제철 농산물을 제 값에 구입하는 소비자들의 편익도 향상된다. 특히, 기존의 대량 소품종 생산농가 중심에서 소량 다품종을 생산하는 영소농 및 여성농, 가족농, 귀농인들의 판로가 확대된다. 친환경 먹거리 생산으로 환경보호에 기여한다는 것도 장점이다.

삶의 질을 강조하는 최근 생활 패턴으로 인해 농식품 소비패턴이 달라지고 있다. 식품의 양보다 질이나 안전을 중시하는 패턴으로 변해간다. 1~2인 가구가 급격히 증가하는 점도 식품소비 패턴 변화에 한몫하고 있다. 달라진 식품소비 추세는 해외 선진국의 로컬푸드(Local Food), 슬로푸드(Slow Food), 공동체지원농업(Community Supported Agriculture) 등에서도 찾아볼 수 있다. 로컬푸드 운동은 장거리 운송을 거치지 않은 지역농산물의 지역내 직접 구매운동을 말한다. '지역에서 생산한 농산물을 지역에서 소비하는 활동'이라는 일본의 지산지소(地産地消) 운동은 지역 경제발전과도 연계된다. 일본 농림수산성은 지산지소 운동을 통해 지역 기반의 식생활 문화를 제공하고 올바른 식습관 확립, 농업에 대한 인식 확대, 궁극적으로는 식량자급률 제고와 지역경제 발전을 도모하는 '지산지소 모델타운 정비' 등의 사업을 시행하고 있다. 농산물 판매를 기본으로 학교급식, 도농교류 등으로 확대하여 농촌경제 발전을 꾀한다.

미국도 생산자 공동체 지원사업을 통하여 생산자들은 자신이 생산한 농산물을 공급받을 회원을 모집하고, 그 회원들이 공동체가 된다. 생산자들은 공동체 회원들을 바탕으로 농사를 짓게 되므로 농산물의 판로와 가격 걱정에서 벗어나 안전한 농산물 생산에 집중할 수 있다. 소비자인 회원들의 입장에서는 믿을 수 있는 농산물을 구입하고 지역 농업도 보호할 수 있다. 공동체 지원사업을 통해 과잉생산, 저장비용, 판매부진 등을 피할 수 있고, 다양한 작물을 선택하여 영농을 할 수 있다. 회비를 미리 받음으로써 영농과 영농개선에 필요한 자본도 확보할 수 있으며, 소비자들과 접촉이 증가함으로써 농민들의 인간관계에도 긍정적인 기여를 한다. 생산물을 먹는 소비자들에 대한 애정과 보람, 책임을 크게 느끼고 농민 상호간의 의사소통 및 협동도 촉진한다.

　도시와 농촌 지역을 광범위하게 포함하고 있는 경기도는 로컬푸드 운동을 활성화하기 위한 최적지이다. 경기도가 도농간 직거래 모델인 꾸러미 사업을 선도해 나가 신 유통시대를 열자. 농촌경제 활성화뿐만 아니라 도시 지역 소비자들의 만족도 증대, 농업에 대한 인식 개선, 학교급식 안전성 제고, 특산품 홍보 및 여행상품화 등 많은 효과를 거둘 수 있을 것이다. | 경인일보 2013.04.18

사이버거래 활성화
유통의 신 고속도로 연다

농수산물 사이버거래 개장 3년 만에 1조 원 돌파

한국농수산식품유통공사(aT)가 지난 2009년 말 개설한 농수산물 사이버거래소(www.eat.co.kr)가 개장 3년 만에 거래실적 1조 원을 달성했다. 이는 지난해 국내 농수산물 사이버쇼핑 거래액 8200억 원을 훌쩍 뛰어넘은 수치다. 또한 국내 작년 농림수산업 총생산 51조 원의 2%, 전국 공영도매시장 거래액 10조 6000억 원의 10%, 서울 가락동시장 3조 9054억 원의 28%에 해당하는 규모어서 각별한 의미를 갖는나.

이처럼 농수산물 사이버거래 1조 원의 의미는 유통 분야에 있어 획기적인 전환이며, aT의 사이버거래소는 우리 농수산물 공정가격 형성에 시금석 역할을 하게 될 것이다. 그동안 복잡한 유통구조로 인해 가중된 농수산물의 소비자 구매비용은 우리나라의 고질병으로 지적돼 왔다. 실재로 지난해 농수산물 소매가격의 유통비용 비중은 평균 41.8%에 이른 것으로 조사됐다. 이미 선진국 반열에 올라선 우리나라의 경우 물류비나 인건비가 더 이상 내려가기 힘들다. 중간 유통이 한 단계 축소되더라도 표면상의 축소일 뿐 소비자들에게 실질적인 이득이 돌아가기 어려운 구조다. aT는 이 같은 점에 착안해 사이버거래소를 설립한 것이다.

출범 당시만 해도 비관적인 전망이 대부분이었다. 첫해 매출이 52억 원에 불과했지만 학교급식거래소 개설 및 제도 보완이 추가되면서 지난해 매출 5000억 원을 기록한데 이어 올해 매출 1조 원을 달성하는 기염을 토해냈다.

aT는 올해(2012) 말까지 사이버거래소를 통한 농수산물 거래 액수가 1조 1000억 원 가량 될 것으로 추정하고 있다. 이로 인해 절감된 유통비용만 해도 약 438억 원에 이를 전망이다. 기업 간 전자상거래(B2B) 수수료 및 중간 유통마진 등 14%의 유통비용을 낮추는 효과를 비롯해 기업-소비자 간 전자상거래(B2C)에서도 이란쇼핑몰보다 7~12% 낮은 최소 수수료(5~6%)를 운영해 거래비용을 절감했다.

최근 대형마트들 또한 유통구조를 줄이기 위해 잇따라 대규모 농수산물 유통센터를 개설하는 추세다. 이마트가 후레쉬센터를 선보인데 이어 홈플러스도 내년 경기 안성에 대규모 물류센터를 지을 예정이다. 롯데마트 역시 물류센터 설립을 검토하고 있다. 대형마트 물류센터를 통해 유통되는 농수산물의 경우 유통단계가 확 줄어들어 소비자들이 싼값에 구매할 수 있지만 인건비, 운송비 등의 간접비용이 붙는다. 사이버거래소는 이마저도 줄여 소비자들이 대형마트 대비 7% 가량 농수산물을 싸게 구입할 수 있으며 생산자들도 판매할 때 10% 정도의 추가이익을 남길 수 있다.

aT 사이버거래소는 오는 2020년까지 농수산물 유통 부문의 시장점유율 10% 수준인 5조 원의 거래액을 달성하는 게 목표다. 사이버거래소가 농수산물의 새로운 유통 시스템으로 정착할 경우 연간 유통비용 2870억 원, 물류비용 600억 원, 환경비용 7억 원 등 모두 3477억 원의 비용절감 효과가 있을 것으로 보인다. 이것이 효시가 돼 농수산식품뿐만 아니라 다른 분야의 유통비 절감에도 기여하길 기대해 본다.

| 한국수산경제 2012.12.10

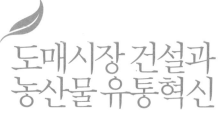

도매시장 건설과
농산물 유통혁신

지방 도매시장 활성화로 지방경제에 활력을

추석을 앞두고 물가안정을 위한 정부의 노력이 다각도로 이루어지고 있다. 농산물 가격안정을 위해 정부는 채소와 과일, 육류 공급을 평상시의 1.5배로 확대하고, 정부비축물량을 시중가격의 50% 수준으로 공급하기로 했다.

우리는 재작년 배추파동으로 농산물 수급안정과 유통개선에 대해 중요한 교훈을 얻었다. 생산안정과 시장기능의 활성화이다. 올해는 태풍피해로 인한 수급불안이 우려된다. 수급안정과 뗄 수 없는 것이 유통구조 개선이다.

그동안 정부는 유통구조 개선을 위해 많은 노력을 기울여왔다. 도매시장이나 공판장 건설, 시장제도 개편, 물류표준화 등에 노력을 기울여 상당 부분 개선되기도 했으나 여전히 미흡하다고 지적된다. 최근 정치권에서도 차기 정부의 농정 혁신과제로 유통 개선을 논의한다. 농업경쟁력을 높이기 위해서는 농산물 유통구조 혁신이 반드시 필요하다. 농산물 유통마진은 2010년에 42.3%에 달하는 등 여전히 40%대의 높은 수준을 유지하고 있는 실정이다.

최근 대구와 경북에서 도매시장 신규 건설이나 이전, 리모델링의 필요성이 제기되고 있다. 대구 북부도매시장은 대구와 경북도 농산물의 유통을 담당하는 중책을 수행하고 있으나, 1988년에 개장된 이후 현재 포화상태에 이르렀다. 현재 위치에서 리모델링을 하거나 확대이전 필요성도 제기된다. 대구의 도매시장 문제를 다루다보면 과거 필자의 농림부 시장과장 시절이 생각난다. 당시 어려운 여건에서도 지역발전을 위해 대구 동부권 도매시장 건설에 필요한 예산을 확보하였다. 그러나 지자체 재정사정 등을 이유로 건설이 추진되지 못한 깃을 매우 안타깝게 생각한다.

250만 대구시민과 300만 경북도민의 농산물 소비와 판매를 위해서도 공영도매시장 건립을 심도 있게 논의해야 한다. 지금의 북부도매시장은 포화상태로 인해 유통의 비효율과 낭비가 심하므로 도매시장 추가 건설은 시급하다. 최근 인터넷환경 발달, 소셜네트워크서비스(SNS) 확산 등으로 인해 유통환경이 급속히 변화한다. 대형 유통업체의 산지직거래가 활성화되고 있고, 사이버거래를 통한 농산물 구매도 크게 늘어났다. SNS를 활용한 소셜마케팅을 통해 홍보 및 판매를 원하는 업체와 가격할인을 원하는 소비자의 이해관계가 맞아떨어져 대량 공동구매가 이뤄지기도 한다.

이러한 유통환경의 변화는 자칫 도매시장 기능 위축으로 연결될 수 있다. 도매시장이 위축되면 지역경제가 침체된다. 유통단계 축소, 유통효율성 증대, 농가소득 증대, 도시민 편의 등을 고려할 때 도매시장 활성화는 지역경제 발전에 매우 중요하다. 정부는 유통체제 정비 및 구조개선에 중점을 둔 정책을 추진하였다. 공영도매시장을 건설하고, 작목반 등 공동출하조직을 집중 육성하여 도매시장 중심의 유통체계가 확립되었다. 1994년 이후에는 농산물종합유통센터 건설이나 직거래, 물류표준화, 농산물 브랜드화, 농산물우수관리(GAP) 인증제 등 유통주체들의 자율적이고 공정한 경쟁을 증진시키기 위한 제도개선에 역점을 두어왔다.

한국농수산식품유통공사는 전국의 공영도매시장을 평가하고 출하촉진 자금을 지원함으로써 도매시장의 기능활성화를 추진하고 있다. 또 지자체를 대신하여 공영도매시장을 수탁관리하고 있다. 그 결과 경영실적이 부진한 도매시장의 운영 활성화에 상당한 성과를 내고 있다.

배추파동과 같은 수급불안을 미연에 방지하고, 산지의 규모화, 물류 효율화 등 유통개선을 위해 도매시장 활성화가 매우 중요하다. 지방 도매시장의 활성화는 생산된 농산물 유통을 넘어 지역경제 발전과 직결된다. 침체된 지역경제도 농산물 유통 활성화를 통해 활기를 불어넣을 수 있다. 도매시장 활성화에 지역민의 관심을 기울이자. | 영남일보 2012.09.07

한국형 농산물 직거래 모델

우리 실정에 맞는 직거래 모델로 유통개선 돌파구 마련을

농산물 유통개선을 위한 그간의 노력은 주로 도매시장이나 공판장, 유통센터 건설 등 시설현대화 위주였다. 그 결과 유통시설기반은 어느 정도 구축됐으나 도매시장 운영이나 거래제도 개선, 유통정보 등 소프트웨어 측면은 아직도 개선이 미흡하다. 비효율적인 유통구조로 인해 유통비용이 소비자가격의 42% 정도를 차지할 정도다. 생활물가에 직접적 영향을 주는 농산물 가격안정은 국가적 과제이다. 농산물 유통과정의 비효율과 낭비를 제거하면 가격안정에도 상당 부분 도움이 될 것이다.

농산물 유통개선의 일환으로 지난 1980년대부터 생산자와 소비자 간의 직거래가 추진됐으나 여러 가지 제약으로 효과를 보지 못했다. 직거래가 성과를 내기 위해서는 소비자의 다양한 수요에 부응하는 여러 품목이 구비돼야 하고 안정적인 물량도 확보돼야 한다. 직거래장터와 주차시설 등 상당한 규모의 공간도 필요하고 위생, 안전, 쓰레기 처리, 인근 상인과의 마찰해소 등 해결과제도 많다.

한국농수산식품유통공사(aT)는 이러한 제약요인을 감안해 우리 실정에 알맞은 '한국형 직거래' 모델을 추진 중이다. 우선 농업인이 주체가 돼 해당 지역 농산물을 판매하는 '농업인 정례직거래장터'를 운영하고 있다. 의정부·옥천·영주·거창 등 전국 7개 지역에 직거래장터를 만들어 지역 농산물 소비 활성화를 추진하고 있다.

또 인터넷 환경이 잘 구축된 우리나라의 장점을 살려 사이버거래소와

'싱싱장터' 등 온라인 직거래 모델도 운영하고 있다. 사이버거래소는 학교급식 식재료 전자조달, 친환경쇼핑몰 운영, 기업 간 전자상거래(B2B 거래) 등을 통해 지난해 약 368억 원의 유통비용을 절감했으며 기존 농산물유통 패러다임의 획기적 변화를 주도했다. 아울러 전국 지자체 및 생산자들이 운영하는 206개 농수산물 온라인쇼핑몰을 연결하는 관문홈페이지 싱싱장터를 개설해 소비자들이 전국 농수산물의 가격과 품질을 한 자리에서 비교하고 신선하고 안전한 농수산물을 구매할 수 있도록 했다.

농산물 직거래가 가격안정과 유통개선을 위한 유일한 해결책은 아니지만 현재 농산물 유통과정의 비효율을 제거하고 고질적인 유통 부조리를 상당 부문 해소할 수 있다. 불필요한 유통비용을 절감시켜 농가소득 증대에 직접적인 도움이 되며, 나아가 생산자와 소비자 모두가 가격 결정과정에 참여해 도·농 교류를 활성화하고 지역 특산물 판매촉진을 통해 지역 경제 발전에도 기여할 수 있다. 시대와 상황에 알맞은 한국형 직거래제도를 정착시키는 것이 농어업의 당면 과제이다.

| 서울경제 2012.03.22

배추파동과 정부 역할

미래 식량위기에 대비하는 장기적 정책 대비도 함께 해야

늦여름(2010)에 배추파동으로 온 나라가 법석을 떨었다. 이상기후로 인한 잦은 비로 고랭지 배추의 생산급감에 따른 가격 폭등이 근본 원인이었다. 여기에 채소류 농산물의 특성이 지니는 높은 유통마진과 비효율적 유통구조도 한 몫 했다. 해발 600m이상의 높은 지역에서 재배되는 고랭지 배추의 생산과 가격구조는 매우 비탄력적이다. 올해와 같이 생육기에 잦은 비가 온다든지, 기상이변으로 예측하기 어려운 생산감소가 생기면 비탄력적인 수급 및 가격 메커니즘으로 시장가격은 급등한다. 반대로 약간의 생산과잉 기조가 보이면 값은 끝없이 추락하고 산지 폐기 사태가 발생한다. 채소류가 가지고 있는 구조적 특성 때문이다.

배추의 수요와 공급을 정확히 맞추어 생산과 수급 안정을 유지하기에는 많은 어려움이 있다. 서늘한 기후를 좋아하는 배추의 특성 때문에 봄배추, 여름 고랭지 배추, 김장배추, 월동배추가 2~3개월마다 특정지역 중심으로 생산된다. 오죽했으면, 고랭지배추 주산지에서는 배추농사를 '복권'에 비유하기도 한다. 2~3년간 가격이 좋지 않다가도 한 해 가격이 폭등하면 대박을 터뜨린다는 점을 두고 한 말이다. 그동안 정부가 채소류 유통개선과 가격안정을 위해 많은 대책을 추진했지만 만족할 만한 성과는 못 내고 있다.

정부가 특별작업반을 구성하여 채소류 유통개선을 위한 종합대책을 마련 중에 있다. 주요내용은 계약재배 개선, 관측기능 강화, 도매시장 거래제도 개선, 사이버 등 직거래 활성화, 소비지 공정거래 확대 등이다. 채소유통 개선대책의 핵심은 크게 두 가지다. 첫째는 안정적 생산의 확보다. 대체채소를 확보하거나 계약재배 확대, 정확한 생산예측이 필요하다. 둘째는 가격 변동의 위험성과 위험비용의 부담주체 문제다.

미래의 불확실성에 대한 위험비용을 누가 어떠한 형식으로 부담할 것인가도 간과해서는 안된다. 모자랄 때나 남을 때 상황을 미리 예측하여 정부가 안전장치를 강구해 놓으면 되나, 이러한 제도적 장치를 상시 마련하는 데는 많은 비용이 든다. 안정적 생산체제 확립, 위험부담, 산지의 경쟁여건 조성 등 모든 과제가 정부의 시장개입정도와 연계된다. 혹자는 정부가 시장에 직접 나서서 배추장사를 해야 한다고 하기도 하고, 정부개입이 비효율과 재원낭비를 초래하므로 개입해서는 안 된다고도 한다. 부분적으로 일리가 있는 지적이나 결론은 전면개입 또는 전면방임의 극단적 선택을 해서는 안된다는 것이다. 적절한 수준에서 정부가 시장에 개입하여 가격 폭등이나 폭락을 막아야 한다.

문제는 정부개입의 정도와 시기, 방법이다. 정부의 시장개입 정도에 대해 '자전거 타기' 수준의 개입을 주장한다. 즉 초보자가 자전거를 배울 때는 자전거 뒤에서 꼭 붙잡고 넘어지지 않도록 도와줘야 한다. 그러나 일정한 속도 이상으로 자전거가 움직이면 뒤에서 자전거를 붙잡고 있으면 오히려 방해가 되므로 적절한 시기에 손을 놓아야 한다. 정부의 농산물 시장개입도 이와 비슷하다. 언제, 어떠한 방법으로 개입하거나, 손을 놓을 것인가를 판단하고 선택하는 것은 쉬운 일이 아니다. 지나친 정부 개입이 시장기능을 저해하여 부작용과 비효율을 초래할 경우도 많다. 전적으로 시장상황에 맡겨놓게 되면 극한적 사태가 올 수도 있고 많은 사회적 비용이 발생하게 된다.

배추파동 뒤에는 채소류의 특성이나 수급 불안정 외에 기후변화라는 큰 요인이 자리잡고 있다. 기후변화는 어느 산업보다 농어업에 크게 영향을 미친다. 지난 100년간 전 세계의 평균기온이 0.75℃ 상승했는데, 한반도는 그 두 배인 1.5℃ 상승했다. 기후변화가 농작물 생산급감을 가져오고 이 상황이 물 부족이나 식량위기와 겹쳐지면 매우 심각한 사태가 올 수 있다. 배추파동도 기후변화의 심각성을 알리는 서막이다. 눈앞의 당면현안 해결은 물론, 미래의 기후변화나 식량위기에 대비하는 것이 정부의 역할이다. | 영남일보 2010.11.06

Chapter

15

귀농귀촌으로
노후를
대비하자

| 미래대비형 귀농의 5가지 성공조건 |

| 설 선물로 농지연금을 |

| 군인의 아름다운 귀농 |

미래대비형 귀농의
5가지 성공조건
착실한 준비와 체계적인 교육이 필수

최근(2010) 한 농업 관련 기관의 조사에 따르면 지난해 한국 농업의
10대 히트 상품을 선정한 결과 '귀농·귀촌'이 1위에 올랐다. 귀농·귀촌
이 농업 분야는 물론 국민 대다수의 관심사로 부각되고 있는 것이다. 최
근의 귀농은 도시생활의 실패자가 신청하는 게 아니다. 성공한 도시민
이 농촌을 인생 2막의 터전으로 인식해 건강 추구, 자연과 소통, 내면의
기쁨을 찾는 행복추구형 귀농이 늘어난다.

농촌진흥청은 1월 29일 서울역에서 야간 귀농교육을 열었다. 귀농 희
망자들로 문전성시였고 성황리에 제1기 교육이 끝났다. 중소기업이나
대기업의 중견간부, 공무원, 대학교수, 성공한 기업인이 대부분이며 고
학력자가 대다수였다. 연령도 40, 50대의 장년층이 주류였다. 웰빙, 로
하스(LOHAS·건강과 지속가능함을 추구하는 라이프스타일)에 대한 욕
구 증대에 대비한 미래 대비형 귀농 희망인도 많다.

귀농이 주는 의미는 다양하다. 이미 초고령화 된 농촌의 현실을 고려
할 때 귀농인 증가는 농촌의 인구 부족 문제를 해소할 수 있다. 그리고
도시생활의 성공 요인을 농촌에 접목시켜 농촌 경제에 활력을 불어넣을
수 있다. 귀농에 성공하려면 다음 몇 가지 사항을 유의해야 한다.

첫째, 농촌 실상을 정확히 알고 뛰어들어야 한다. 농촌생활도 도시생
활 이상으로 어렵다는 사실을 인식해야 한다. 귀농·귀촌 목적을 분명히
하여 농업창업, 전원생활, 노후생활 영위 등 자신의 여건에 맞게 귀농계

획을 미리 설계해야 한다.

둘째, 성공한 귀농인이 되기 위해서는 농업기술을 제대로 배워야 한다. '배우는 농업인'이라야 성공한다. 성공한 귀농인은 기초적인 영농기술부터 착실히 다진 사람들이다. 귀농에 필요한 지식과 기술을 사전 교육을 통해 충분히 배워야 한다. 귀농 1년차, 5년차, 10년차에 이른 다양한 귀농 선배들의 성공과 실패 사례를 살펴보는 노력도 필요하다.

셋째, 귀농 정착지의 주민들과 친해져야 한다. 귀농 예정 마을의 사회·경제·문화에 대한 이해와 함께 지역민들과 가까워지려는 자세가 필요하다. 자신을 낮추고 주민을 위하며 주민과 함께하는 귀농인, 자신이 지닌 지식과 정보를 현지 주민들과 공유하는 귀농인이 돼야 한다.

넷째, 가족의 적극적인 협력을 이끌어내야 한다. 가족농이 중심인 농촌 현실에서 가족은 가장 큰 자산이며 협력자다. 부부간 진지한 귀농 협의와 자녀 설득을 통한 가족의 동의는 필수다. 이를 위해 가족과 함께 주말농장, 텃밭, 귀농 농가 탐방 등의 체험을 해보는 것도 바람직하다.

마지막으로, 틈새시장을 찾아야 한다. 남들이 하는 것을 무조건 따라해서는 안된다. '생각하는 농업'을 통해 남이 시도하지 않은 미지의 분야에 들어가야 한다. 새로운 길을 가면 새로운 시장이 있다.

귀농에 대한 개념이나 인식도 바꿔야 한다. 도시에서 살면 성공한 삶이고 농촌에서 살면 실패한 인생이라는 잘못된 인식을 바꿔야 한다. 귀농·귀촌이란 인생의 성공과 실패를 구분하는 개념이 아니라 도시에서 농촌으로, 도시문화에서 농촌문화로 삶의 공간과 영역을 바꾸는 것이다. 착실한 준비와 체계적인 교육으로 준비한다면 귀농 실패란 없다.

| 문화일보 2010.02.17

설 선물로
농지연금을

보유 농지 담보로 사망 때까지 매달 일정액을 연금으로

민족 명절인 설이 조만간 다가오는데 도시 자녀들은 걱정이 많다. 구제역도 발생하는데 오지 말라는 시골 부모님의 부탁도 있지만, 모처럼 가는데 부모님께 드릴 선물이 변변찮아 마음이 찜찜하다. 시골 마을에 내려갈 때마다 느끼는 감정이지만 연세 드신 부모님 노후가 늘 걱정되고 편안한 노년 생활을 보장해 줄 무엇이 아쉬웠다. 인구의 82%가 도시에 몰려 있지만 도시민 대부분은 농촌에 각종 연고를 두고 있다. 이런 분들에게 올해부터(2011) 정부가 시행하는 '농지연금'을 효도 선물로 권장하고 싶다.

농지연금은 고령 농업인의 노후생활 안정을 위해 올해부터 시행되는 노후복지 형태의 연금이다. 농지를 갖고 있지만 일정한 소득이 없는 농업인이 그 농지를 활용하여 매달 일정액을 연금형식으로 지급받는 것이다. 예를 들어 75세 농업인이 시가 2억 원 상당의 농지를 담보로 농지연금에 가입할 경우 매월 93만 원 정도의 연금을 평생 받을 수 있다. 연금을 받다가 돌아가실 경우는 담보농지를 처분하여 농지연금채권을 회수하고 남는 금액이 있으면 상속인에게 돌려주고 부족한 금액은 국가가 부담한다.

실제 충북 음성의 김모씨(77세)는 소유농지 1만 3676㎡를 담보로 농지연금에 가입했다. 매달 받게 되는 연금은 178만 원. 담보로 제공한 농지는 직접 경작할 수도 있고 남에게 임대해 추가 수입을 얻을 수도 있다. 농지를 자녀에게 상속해 줄까 고민했지만 재산 상속보다는 자녀의 부양걱정을 덜어주는 것이 좋다는 판단으로 농지연금을 선택한 것이다. 김씨는 자녀에 대한 부담감뿐 아니라 아내에 대한 걱정도 덜었다. 설사 아내보다 먼저 사망하더라도 부부 모두 평생 보장받을 수 있다.

농지연금 제도가 시행 초기인데도 호응이 매우 높다. 시행 15일 만에 326명의 농업인이 가입 신청했고 담보설정 등 절차가 끝난 210명이 약정 체결했다. 아직 약정을 체결하지 않은 농업인도 절차가 완료되면 농지연금의 수급자가 된다. 농지연금에 대한 인지도 조사결과도 매우 고무적이다. 고령 농업인의 47%, 연금대상자 자녀의 45%가 농지연금에 대해 알고 있으며 고령 농업인의 30%, 연금대상자 자녀의 31%가 가입 의사가 있는 것으로 나타났다.

'농민은 가난하게 살다가 농지 부자로 죽는다'는 말이 있다. 농지연금제도는 농지를 터전으로 농촌에서 평생 살아온 부모님이 가져야 할 당연한 권리라고 볼 수 있다. 농지연금을 통해 농촌 구석구석에 훈풍이 닿기를 기대하며 도시 자녀들의 설날 '효도선물'로 권장해 본다.

| 서울경제 2011.01.31

군인의 아름다운 귀농

철저한 교육 프로그램으로 성공 귀농의 새 모델 개척

최근 제대 군인의 성공한 귀농·귀촌 활동이 관심을 끌고 있다. 퇴역 장교는 물론 군 복무를 마친 사병들이 성공한 농업인으로 변신한 스토리가 농촌에 활력을 불어넣고 있다. 군인들의 성공 귀농 이야기는 새로운 의미가 있다. 군인은 농촌 현장에 풍수해가 발생하거나 일손이 부족할 때 누구보다 먼저 도움을 준다. 구제역 등 동물 질병도 군 인력과 장비의 도움을 받아 해결한 경우가 많다. 군인들은 산간오지 근무 경험으로 농촌에 대한 이해가 높고 농업 발전을 위한 아이디어도 풍부하다. 귀농에 대한 관심이 많고 귀농 교육에 참여하는 열기도 뜨겁다.

농촌진흥청은 제2의 인생을 농업으로 시작하려는 제대 군인을 위해 지난달(2010.03) 육군본부와 양해각서를 맺고 귀농 교육을 실시하고 있다. 귀농 설계, 창업 지도, 기초 농업기술과 현장실습 등 체계적인 교육으로 전역자들의 농촌 정착에 실질적인 도움을 줄 것이다.

지난해 퇴역을 앞둔 30여 명의 군 간부에게 교육을 실시했는데 반응이 매우 좋았다. 군 생활을 통해 가꾸어진 강인한 체력과 의지는 귀농 교육의 열기로 이어졌고 교육 결과 만족도도 매우 높았다.

필자는 매주 목요일 오후 5~6시 민원 전화를 직접 받고 답변하는 '목요 현장 전화'를 운영한다. 얼마 전 귀농한 예비역 대령으로부터 한 통의 전화를 받았다. 그는 시중에서 판매되는 경영학 관련 서적은 농업 분야에 적용하기 어려우므로 새 농업경영 교재를 발간해 달라고 부탁했다. 탁상행정이나 공허한 이론보다 농업 농촌의 불필요한 규제를 개혁하는 것이 더 중요하다는 소중한 정책 건의도 받았다.

귀농은 도시생활의 실패자가 '농사나 짓자' 며 농촌으로 가는 것이 아니다. 지난 1월부터 서울역에서 실시한 야간 귀농 교육 참여자 대부분이 중소기업 경영인, 대기업 임원, 공무원, 언론인 등 도시 직장인들이다. 도시생활 실패자의 '탈출형 귀농' 이 아니라 제2의 인생을 농촌에서 시작하려는 '취업 귀농' 희망자가 대부분이다.

인구 구조로 보면 우리나라도 조만간 베이비붐 세대의 정년 귀농이 활발하게 일어날 것이다. 농업과 농촌을 새로운 인생의 터전으로 선택해 낯선 길을 가고자 하는 희망 귀농자를 위한 본격적인 대책이 필요하다. 귀농은 농촌의 일자리 창출과 지역경제 활성화에 기여하고 고령화돼 가는 농촌에도 새바람을 불어넣는다.

선진국 가운데서도 귀농 열풍이 부는 나라들이 적지 않다. 과거에는 은퇴한 귀농이 주를 이뤘으나 최근에는 취업 귀농도 많다. 미국은 유기농 붐으로 인해 8300만 명의 베이비붐 세대에 귀농 열풍이 불고 있다고 USA투데이지가 보도했다. 일본은 '정년 귀농' 보다 '취업 귀농' 이 급속히 늘고 있으며 각종 귀농 지원센터도 활발히 운영되고 있다.

제대군인의 귀농 열풍은 농촌의 새 희망이며 성공할 가능성이 높다. 귀농 열풍의 제일 선두에 교육과 훈련으로 가꾸어진 군인이 앞장서 '전투귀농' 을 실천하기 바란다. 제대군인의 아름다운 귀향은 농촌에 희망과 비전을 주는 새로운 열풍이다. 꼭 성공하기를 기대한다.

| 국민일보 2010.04.15

Chapter

16

농촌 여성의
눈물을
닦아주자

| 여성 농업인과 눈물 |

| 다문화가정 글로벌시대의 동반자 |

| 맞춤형 지원 필요하다 |

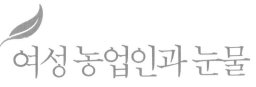

여성 농업인과 눈물

열악한 처우가 여성의 농촌 유입 막아

"아내의 수건 벗은 새벽 머리로부터 이 세계는 어두워 온다. 이윽고 그녀가 먼 들길을 건너올 때, 우리나라의 별똥이 그 위에 흐른다. 나는 아무런 뜻도 없도록 아내 소망에 내 소망을 더한다. 아내의 손발이 얼마나 텄을까. 오늘 장에서 신(神) 같은 크리임을 사왔다…" 고은 시인의 시 '내 아내의 농업' 가운데 일부다. 여성 농업인들의 고단한 삶이 잘 표현된 시라고 생각한다.

농촌 여성의 삶은 고달프다. 젊은 층이 계속 도시로 빠져나가면서 우리 농업과 농촌은 많은 어려움을 겪고 있다. 우리 농촌과 농업의 핵심 인력이 여성이고 이들이 농촌사회의 주도적 역할을 감당한다. 집에서는 며느리요 아내요 어머니로서, 들에서는 일꾼으로, 지역사회에서 때로는 지도자 역할을 해야 하는 농촌 여성들은 몸도 힘들고 마음도 고달프다. 얼마 전 여성 농업지도자의 이취임식에서 눈물을 흘리며 이임하는 여성 지도자를 보면서 너무도 가슴이 아팠다.

바야흐로 여성 시대이다. 여성 대통령이 국가를 이끌고 있고, 섬세함을 비롯한 여성의 장점이 부각되는 시대다. 3월초 일본에서 열린 도쿄 식품박람회의 주제는 '여성', '건강', '소포장' 이었다. 여성의 감성이나 중요성을 잘 인식하여야 한다는 것이 세계적 트렌드이다. 농업계도 여성이 가진 능력을 잘 활용해야 한다. 농업의 영역이 관광, 체험교육, 가공산업 등으로 확대되면서 여성 농업인의 역할이 더욱 중요해진다.

여성 농업인의 특성에 맞는 사업개발, 육아지원, 교육, 의료, 문화 프로그램 등을 지속적으로 제공해야 여성 농업인이 희망과 자부심을 가질 수 있다. 여성 농업인이 희망을 찾지 못하면 우리 농촌에 미래가 없다. 우리나라 농가인구 중 여성 비율은 53%로서 남성 비율을 능가한다. 일하는 시간도 여성이 남성보다 많다. 우리나라 여성 농업인들의 평균 노동시간이 11시간으로 선진국에 비해 3~4시간이나 많다. 밥하고 빨래하는 시간까지 합치면 남성보다 훨씬 더 많은 시간 일한다. 손맛가꾸기, 식품가공, 도농교류, 농촌 봉사활동 등 다양한 분야에서 두각을 나타내는 것도 여성이다.

그럼에도 불구하고 여성 농업인의 경제적 지위는 여전히 남성에 비해 낮고 처우도 열악하다. 농촌 여성의 임금 수준은 남성의 65%에 그친다. 정부의 복지정책이 확대되고 있지만 도시 여성들에 비해 복지서비스도 제한되어 있다. 여성 인력에 대한 인식도 문제이다. 농업 선진국은 농촌 여성을 직업종사자로 분류하여 법적 지위를 보장하고 있으나, 우리나라는 아직도 여성 인력의 전문성을 인정하기보다는 보조자 정도로 생각한다.

낮은 임금, 인식부족, 열악한 복지여건 등이 여성의 농촌 유입을 기피하게 만들고 농촌사회의 활력을 떨어뜨린다. 정부에서 여러 가지 대책을 추진 중이나 아직까지 미흡하다. 지난 2001년 '여성농업인육성법'을 제정하고 전문 농어업경영역량 강화, 지역개발 리더 및 후계인력 육성, 여성 농어업인의 삶의 질 향상 등 여러 가지 대책을 추진하고 있으나 만족할 수준에는 이르지 못한다.

최근(2013.03) 화성시에서 열린 생활개선중앙연합회 회장단 이취임식에 다녀왔다. 이날 참석한 많은 여성 농업지도자들은 여성 농업인의 권익 향상과 농촌지역 발전을 위한 여성의 역할을 강조했다.

필자는 3년 전 필리핀에서 열린 아시아농식품기술협력협의체(AFACI) 회의에 참석했던 필리핀 농업부의 여성 차관을 기억한다. 회의 일주일 전에 남편을 잃었으나, 개인적인 슬픔을 뒤로 한 채 국제회의를 성공적으로 수행해 많은 참석자들의 박수를 받았던 푸얏 차관이다. 필자에게 한국의 앞선 농업기술을 전수해 달라고 끈질기게 요청하던 푸얏 차관이 회의를 마치고 흘리는 눈물을 보았다. 세계 최대의 쌀 생산국이었으나 농업투자를 소홀히 한 결과 연간 200만t의 쌀을 수입하게 된 필리핀의 현실이 서글펐을 것이다. 여성 농업인이 흘리는 눈물의 의미와 무게를 깊이 새기며 다시는 이들의 눈물을 보지 않기를 바란다.

| 경인일보 2013.03.21

다문화가정
글로벌시대의 동반자

농어촌 발전 이끌 미래 인력이라는 인식 가져야

어릴 때 추억 중 가장 기억에 남는 것을 꼽는다면 어머니 손을 잡고 외갓집에 가는 일일 것이다. 시골 외갓집을 다니면서 소꿉놀이하던 것이 즐거워 외갓집 가는 것을 손꼽아 기다리곤 하였다. 그러나 외갓집을 자주 가기 어려운 사람도 많다. 특히 외국인을 어머니로 둔 자녀들은 외갓집을 자주 방문할 수 없어 이런 추억을 쌓기 어려울 것이다.

올해 한·베트남 수교 20주년을 맞아 한국농수산식품유통공사는 지난주(2012.08) 다문화가정의 친정이나 외가 방문을 지원하는 행사를 가졌다. 먼 이국땅에서 한국으로 시집온 여성들이 친정을 방문하기가 쉽지 않다. 잠시나마 그리운 친정에 다녀올 기회를 제공함으로써 부모님과 정을 나누고, 어린 자녀들도 외가에서 즐거운 추억을 만들 수 있는 기회가 될 것이다.

현재 우리나라에 거주하는 외국인은 140만 명에 이른다. 우리나라로 온 결혼이민 여성의 숫자도 12만 5000명을 넘었다. 통계청 자료에 따르면, 농림어업에 종사하는 남성의 약 38%가 외국여성과 혼인했고, 결혼이민 여성의 69%가 농어업에 종사하는 것으로 나타났다. 결혼이민 여성이 늘면서 농촌의 출생률이 증가하고 인구 고령화가 늦춰지는 등 '젊은 농촌'으로 변화하는 효과도 있다.

2020년에는 전체 농가인구에서 이주여성 농업인이 차지하는 비중이 3.2%에 이르고, 19세 미만 농가인구의 49%가 다문화 자녀로 구성될 전망이다. 그만큼 농어촌에서 이주여성이 중요한 위치를 차지한다. 향후 결혼이민 여성을 중심으로 한 다문화가정이 우리 농어촌의 중심세력으로 자리하게 될 것이다.

이러한 이주여성이나 다문화가정에 대해 우리 국민이 해야 할 일은 너무나 많다. 생활 정착, 영농교육, 언어학습 등 많은 프로그램이 운영되어 나름대로 성과를 내고 있다. 다문화가정이 우리 농어촌의 상당 부분을 차지하는 현 시점에서 다문화가정 정책이나 제도의 재조명이 필요하다.

그동안의 다문화 정책은 언어, 음식, 관습, 농촌생활 등 여러 분야의 교육과 지원에 치중됐다. 결혼이민 여성들은 자신들에 대한 편견이나 냉대가 한국사회에 적응하는 데 가장 견디기 어렵다고 한다. 본인뿐만 아니라 다문화가정의 자녀들도 여러 가지 어려움을 겪고 있다. 한국말이 서툰 어머니의 영향으로 언어 부진, 학습 부진을 겪기도 하고, 따돌림에 의한 정서불안이 발생하기도 한다.

이제는 다문화가정에 대한 교육이나 지원을 넘어 정서적 일체감을 심어주는 것이 필요하다. 다문화가정이 소외감을 느끼지 않고 '한국인'이라는 자긍심을 가질 수 있는 정책 개발이 필요하다. 자녀육아, 교육, 의료, 문화 등 다양한 복지혜택을 통해 한국인으로서의 소속감과 자부심을 가질 수 있을 것이다.

다문화가정을 대하는 우리의 인식이 변해야 정서적 일체감을 가질 수 있다. 차이와 차별은 다르다. 다양성의 장점을 인정해야 한다. 한국 남편들이 결혼이민 여성의 사회·문화적 배경을 충분히 이해하지 못하고 자신의 방식을 고집하다가 갈등을 빚는 경우가 많다. 같은 나라, 비슷한

가정환경에서 자라도 결혼 후 화목하게 살기가 쉽지 않다. 하물며 다문화가정은 더 말할 필요가 없다.

필자가 농림부 농어촌복지담당 과장으로 재임할 때, 중국 옌볜 처녀와 한국 농촌총각의 결혼지원 사업을 추진했다. 양측 모두 호응이 매우 높았으나, 막상 옌볜 지역을 방문해 보니 현지 총각들의 불만이 매우 높은 것도 알게 됐다. 중국뿐 아니라 베트남, 필리핀 등 결혼이민 여성이 많은 동남아 국가들의 사정도 마찬가지일 것이다. 남녀의 결혼은 단순하지 않고, 정서적이고 감정적인 여러 문제가 걸려 있다. 다문화가정의 문제는 개인적인 문제이기도 하나 국가적 이슈가 될 수도 있다.

다문화가정에 대한 정책은 포용과 배려의 자세로 장기적이고 체계적인 접근이 필요하다. 다문화가정은 글로벌시대 우리 사회의 소중한 일원이자 우리 농어촌 발전을 이끌어갈 미래 인력이다. 다문화가정 구성원들이 한국에 잘 정착할 수 있도록 하는 것은 글로벌 시대 우리의 사명이기도 하다. | 서울신문 2012.08.20

맞춤형 지원 필요하다

모성 장점 발휘해 감성농업 시대 열도록

최근 정치, 경제, 문화 등 사회 각 분야에서 여성의 활동이 활발하다. 농업계도 예외가 아니다. 농촌에서 여성의 역할과 책임은 나날이 증대되고 있다. 1970년대 농가인구 중 여성 농업인의 비율은 28%에 불과했으나, 2010년에는 전체 농가인구의 51%인 156만 명이 여성이다.

과거의 농어촌 여성 역할은 가정주부나 영농보조자 역할에 머물렀으나, 지금은 영농활동을 주도적으로 하고 있다. 특히 먹거리의 안전성에 대한 관심이 높아지면서 '어머니의 마음으로 생산한 안전 농산물' 처럼 농업에서 어머니나 모성 등 여성의 특성을 강조하는 감성농업도 두드러진다.

영농활동 외에 농외소득 분야에서 여성 농업인의 활약이 늘고 있다. 농산물 가공, 농촌관광, 농업교육 등 여러 분야에서 여성의 활동이 증가하고 있다. 문화·교육과 연계한 농어촌 체험프로그램 개발에도 여성들이 두각을 나타내고 있고, 각종 지역사회 활동에도 여성 역할이 증대된다. 유럽이나 일본 등 선진국에서는 농촌관광이나 도농 교류사업을 이미 여성이 주도하고 있으며, 우리나라도 이러한 추세가 확산될 것으로 보인다.

여성의 역할 증대와는 대조적으로 여성 권익을 보호하기 위한 제도나 시책은 아직까지 미흡하다. 여성 농업인의 역할 변화에 따라 여성의 지위보장을 위한 법적·제도적 방안이 필요하다. 농림수산식품부의 여성 농업인 실태 조사(2008)에 따르면 실제 자기 명의의 농지를 소유하고 있는 여성 농업인은 21%에 불과하다. 또 여성 농업인의 임금은 아직까지 남성 농업인의 65%에 그친다. 벨기에, 덴마크 등 주요 농업 선진국들은 여성 농업인을 공동 경영주로 인정하고 안정적인 소득을 제공하는 등 사회·경제적 지위를 충분히 보장하고 있다.

출산과 자녀양육 문제는 도시 여성들뿐 아니라 농어촌 여성에게도 어려움이 많이 따른다. 보육 도우미, 고령농가 도우미 등 다양한 농가 도우미제도를 운영하고 있지만 아직 미흡한 실정이다. 특히, 늘어나는 다문화 이주여성 및 자녀들에 대한 지원책이 필요하다. 한국농수산식품유통공사는 2009년부터 '다문화사랑나누미' 지원사업을 통해 다문화 자녀 보육도우미 지원, 학습용 교재 지원, 임직원이 직접 전래동화 등을 녹음한 오디오북 기증 등 다양한 지원사업을 실시하고 있다.

지자체 차원에서 여성 농업인들을 위한 맞춤형 지원정책에 앞장서야 한다. 연령과 상황에 맞게 여성 농업인에게 적절한 해결방안을 제시해야 농어촌 지역의 복지를 향상시킬 수 있다. 젊은 여성 농업인을 미래 영농인으로 육성하기 위한 멘토링 교육, 보육·양육시설 등을 설치하고, 고령 여성 농업인을 위해서는 의료 및 건강관리 서비스를 제공해야 한다.

최근 귀농·귀촌 인구가 증가하고 있지만, 여성들은 자녀 교육문제 때문에 귀농을 망설이는 경우도 많다. 농어촌 자녀들을 위한 학습지원 프로그램 개발이 시급하다. 또 문화적으로 소외되기 쉬운 농어촌 자녀들을 위해 지역 문화예술단체가 찾아가는 서비스를 제공할 필요도 있다.

향후 농어촌에서 여성의 역할은 더욱 확대될 것이다. 농업은 새로운 생명을 길러내는 생명산업이자 창조적인 작업이다. 감성이 발달한 여성들이 우수한 역량을 발휘하며 성과를 낼 수 있는 산업이 농업이다.

| 농촌여성신문 2012.04.02

Chapter

17

지역이
발전해야
농업이 산다

한류열풍
경기도에서 이어가자

세계인의 입맛 사로잡을 특유의 테마음식 개발이 관건

세계적으로 한류열풍이 불고 있다. 한국 문화에 세계인의 취향에 맞는 특별한 뮤직, 비디오, 춤 등이 가미되어 세계인의 인기를 끌고 있다. 가수 싸이는 '강남스타일'의 말춤에 이어 '젠틀맨' 뮤직 비디오를 발표하여 세계를 열광시켰다. 우리 스타일의 노래, 이른바 K-pop이 세계인의 취향에도 맞는 것이다. 한국 특유의 신바람 춤이 가미된 댄스뮤직이 전통적인 생각과 달리 세계적 돌풍을 일으키고 있는 것이다. 한때 우리가 즐겼던 관광버스 춤과 노래가 한류열풍의 뿌리가 된다고 한다. 한류열풍의 기본은 한국 문화나 한국인 특유의 신바람 정서가 견인차 역할을 한다. 멀리 있는 것이 아니라 가까이 있는 우리 정서가 한류열풍의 원조인 것이다.

한류열풍의 다음 타자는 한국 음식이라고 한다. 드라마 '대장금'을 통해 한국음식이 세계적 인기를 끈 경험도 있다. 한국 음식에 대한 세계인의 인기는 지구촌 곳곳에서 나타난다. 세계 각국의 다양한 음식이 모여 있어 '식품합중국'이라고 불리는 곳이 미국이다. 미국 뉴욕시민을 상대로 한식 인지도를 조사한 결과, 2009년에는 9% 정도였으나 2011년에는 41%로 높아졌다. 동남아시아에서도 한국음식이 선풍적 열기를 일으키고 있다. 싱가포르의 한 식당 주인은 한국 식당 수가 불과 몇 년 사이에 서너 배나 증가되었다고 한다.

대한민국 식품대전(Korea Food Show 2013)이 지난달(2013.05) 고

양 킨텍스에서 성황리에 개최되었다. 50개국의 1천 600개 업체가 참여하였고 9만 명이 넘는 관람객이 다녀갔다. 많은 해외 바이어들이 한국 음식에 뜨거운 관심을 나타냈고, 특히 식자재의 다양성과 풍부함에 관심이 많았다. 한국 음식이 가진 기능성, 건강성이 객관적으로 증명된다면 글로벌 상품으로 자리잡을 것임은 분명하다.

경기도는 논농사, 밭농사가 고루 발달하여 곡물과 채소가 풍부하다. 여주나 이천의 좋은 쌀, 가평이나 강화의 떡, 산간지방의 다양한 산채, 서해안의 굴, 조개 등의 해산물 등 질 좋은 식재료가 풍부하다. 풍수해 등 자연재해도 피해간다고 할 정도로 농사짓기 좋은 지역이 경기도다. 서울, 강원도, 충청도와 접해 있어 여러 지방 음식의 특징을 조화롭게 갖춘 것도 경기도 음식이다. 경기도 음식은 소박하고 다양하나 대체로 수수하다는 평을 듣는다. 경기도에서 조상들의 지혜와 철학이 담겨 있는 음식을 만들어 세계인의 입맛에 맞게 고급상품으로 만들어야 한다. 지난해 연간 외국인 관광객이 1천만 명을 돌파하였다. 이들이 맛보고 즐길 수 있는 고급 경기도 음식이 필요하다. 싸구려음식, 박리다매 전략으로는 한계가 있다. 세계인의 먹을거리가 될 수 있는 테마 음식을 만들어 상품화하자.

경기도 음식이 외국인의 마음을 사로잡으려면 갖추어야 할 과제가 많다. 이른바 건강성이나 기능성을 객관적으로 증명해야 한다. 산·관·학이 연계하여 머리를 맞대면 쉽게 풀 수 있다. 한국 음식은 기본적으로 약식동원(藥食同源)의 음식이다. '약과 음식은 근본이 동일하다'는 인식을 경기도 음식에서 실천하면 된다. 또 음식의 다양성과 균형성, 문화적 특성을 강조해야 한다. 우리 민족의 깊은 멋과 맛이 담긴 김치, 장,

젓갈 등 발효음식을 발전시키고, 다양한 식재료를 이용하여 차별화해야 한다. 우리 민족은 문화민족이다. 여러 가지 음식을 개발하고 여기에 스토리를 입히자. 수라상, 돌상, 제사상, 혼례음식, 명절 상차림, 회갑연 상차림 등 격식과 법도를 중시한 상차림을 개발하여 외국인의 호기심을 충족시키자.

스포츠계에서 자주 쓰는 문구 중에 '최선의 수비는 공격'이라는 말이 있다. 소극적 방어태세를 버리고 적극적인 공격자세로 전환해야 승기를 잡을 수 있다. 개방화라는 세계적 물결이 밀려오고 있으나 우리 식품의 품질 향상, 디자인과 포장 개선, 수출시장 다변화 등 총체적 노력을 하면 극복할 수 있다. 국운 상승으로 한류열풍이 우리 농업과 식품산업에 날개를 달아주고 있다. 우리 스타일의 노래나 영화, 드라마가 세계인의 취향에 맞는 것처럼 우리 스타일의 경기도 음식으로 세계인의 입맛을 사로잡고 세계시장도 석권할 수 있다. | 경인일보 2013.06.13

경기도민이 지켜야할 경기도 전통주

보르도 와인 같은 전통 명주로 지방경제 활성화에 기여하길

중국 당나라 시인 이태백은 '술 한말에 시 백편이 나온다' 고 했고, 북송의 시인 소동파는 '술이란 시를 건지는 낚싯바늘이며 시름을 쓸어내리는 빗자루이다' 라고 말했다. 역사적으로 술은 풍류를 즐기던 시인들뿐만 아니라 많은 사람들의 고단한 삶을 달래주는 소중한 인류의 마실거리였다.

우리나라에는 서민 생활의 애환을 담은 막걸리를 비롯하여 지방마다 특색 있는 전통주가 많다. 전통주는 선조들의 지혜와 풍류, 장인정신이 녹아 있는 역사적 산물이다. 지역에서 생산된 곡물과 과일을 사용했기 때문에 전통주는 지역 특색을 보유하고 있고, 지역민들의 희로애락, 역사와 문화도 어우러져 있다.

조선시대부터 문화와 물류의 중심지였던 서울·경기 지역에는 뛰어난 전통주가 많다. 경기도의 남양주 계명주, 화성 부의주, 당정 옥로주, 남한산성 소주 등은 무형문화재로 지정될 정도로 맛과 향이 빼어나다.

우리 술의 소중함을 다시 인식하고 술 산업을 발전시키기 위해 지난 (2012.10) 25일부터 나흘간 서울 월드컵공원에서 '2012 대한민국 우리술 대축제' 가 열렸다. 우리술 대축제에는 전국 118개 업체 260여 종의 전통주가 나름대로 우수성을 자랑하고 독특한 맛도 선보였다.

이외에도 전국의 전통 명주가 전시되는 '팔도 명품관' 을 비롯하여 전국 막걸리 업체들이 참여하는 '막걸리 산업전', 주종별 최고 명품주를 선정하는 '대한민국 우리술 품평회' 등이 동시 개최되었다. 각 지역의 대표적인 전통주가 행사에 참여하여 널리 홍보되고 우리 전통주에 대한 국민의 관심도 증가하는 계기가 되었다.

우리나라 전통주 산업은 맥주, 희석식 소주 등 대중적인 술에 비해 규모나 인프라, 마케팅 역량이 취약하다. 일제시대 가양주 탄압정책, 1960년대 양곡관리법에 따른 순곡주 제조 금지정책 등으로 전통 술이 어려움을 겪은 아픈 역사도 있었다. 전통주 산업 발전을 위해서는 전문인력 양성, 품질 향상과 기술개발, 유통 합리화, 마케팅 강화 등 종합적 대책이 필요하다.

그러니 대부분의 전통주 업체가 영세하여 경쟁력을 가지지 못하고 정부 차원의 체계적인 지원도 미흡하다. 전통주 중에서 가장 영향력이 있는 막걸리의 경우도 총 500여 막걸리 제조업체 중 상위 3개 업체가 전체 매출액의 50%를 차지할 정도다.

정부는 취약한 전통주 산업 발전을 위해 전통주 인프라 확충, 품질개선, 홍보강화 등 다양한 노력을 하고 있다. 지방자치단체가 중심이 된 여러 전통주 행사도 적극 지원하고 있다. 그러나 아직까지 전통주의 중요성과 발전 가능성이 제대로 인식되지 못하고 있다.

전통주를 육성하여 지역경제를 발전시키고 국가경제에도 많은 도움을 준 선진국 사례를 볼 수 있다. 영국은 엄격한 품질관리를 통해 스카치 위스키(Scotch Whisky)를 세계적인 술로 만들어 많은 관광객을 유치하고, 영국산 보리 사용증진을 통해 지역경제를 발전시켰다.

미국도 지리적 표시제, 다양한 제품 개발 등을 통해 캘리포니아 와인을 유럽 전통 와인과 대등한 수준으로 육성하여 와인 수출을 촉진시키고 있다. 포도 재배 중심지인 캘리포니아 나파밸리 지역에는 연간 300만 명 이상의 관광객이 모여들고 관광수익도 크게 올리고 있다.

우리 전통주의 발전 가능성도 무궁무진하다. 전국적으로 수백 가지의 전통주가 있고 특색 있는 가양주도 즐비하다. 우리나라 대표 전통주 막걸리는 해외 각국에 수출되며 지난해 수출실적이 약 5천 300만 달러이다. 우리술 대축제 개막식에 참석한 만화가 허영만 화백은 필자에게 "정권이 바뀌어도 이 행사를 계속하느냐"고 물었다. 전통주 산업 육성의 중요성과 정부의 지속적인 지원을 강조한 질문이라고 생각된다.

우리 술은 우리가 지키고 육성해야 한다. 전통주 산업의 발전은 지역 경제 발전과 직결되고, 지역 문화와 역사를 지키는 일이다. 프랑스 보르도 와인, 미국의 나파밸리 와인처럼 경기도의 전통주가 경기도 경제를 활성화시키고 경기도의 문화·관광자원으로 발전될 수 있도록 도민의 적극적인 관심이 필요하다. | 경인일보 2012.10.31

농어업
광주 전남 시대를 연다
한국농수산식품유통공사 나주 신사옥 착공식에 부쳐

지난달(2012.04) 30일 한국농수산식품유통공사(aT)가 광주·전남 공동혁신도시 신사옥 착공식을 했다. 지난 2005년 국토균형발전 정책에 따라 이전계획이 수립된 이후 지방이전을 위한 본격적인 첫삽을 뜬 것이다.

정부와 여러 공공기관 중 aT는 일찍이 나주 이전을 확정해 부지매입 등 필요한 조치를 마무리했다. aT를 비롯해농수산식품연수원, 한국농촌경제연구원 등 농업지원기관이 모두 이전하게 되면 광주·전남 공동혁신도시 '빛가람'은 우리나라 농수산식품산업의 거점지역이 될 전망이다.

aT는 농식품의 수출촉진, 식품산업육성, 유통개선, 수급안정 등 우리 농어업의 변화를 주도하는 기관이다. 이제 생산에서 수출, 유통, 식품산업으로 정책의 중점이 이동하고 있고, 그 최일선에 aT가 있다.

전남도는 우리나라의 주요 곡창지대이자 대표적인 농업 지역이다. 전국 총 어업생산량의 40% 이상을 차지할 정도로 우리나라 수산업의 보고이기도 하다. 전남도는 파프리카, 유자차, 배, 전복, 해삼, 천일염 등 우수한 청정 농수산물을 바탕으로 지난해 농수산식품 수출 2억 6000만 달러를 달성하며 전국 광역 16개 시·도 농식품 수출평가에서 최우수 지자체로 선정됐다. 농식품 산업의 중요성을 인식한 지방자치단체의 지원과 수출 농어가의 의지가 합쳐진 결과이다.

농식품 수출과 산업육성을 전담하는 기관이 aT이다. aT가 전남 지역으로 이전하면 우리나라 농식품산업 발전에 많은 시너지효과를 낼 수 있을 것이다. 특히 aT는 올해 1월 공사명을 '한국농수산식품유통공사'로 변경하고 제2의 창립을 선언했다. 이번 착공식은 지역 균형발전을 넘어 공사 제2의 창립, 더불어 농어업의 광주·전남 시대를 열어간다는 의미도 실려 있다. 공사는 금번 착공식을 계기로 새로운 땅, 새로운 시대에 맞는 농어업 발전 비전을 제시하고 구체적인 전략을 추진할 계획이다.

첫째, 수출진흥과 유통개선을 통해 우리나라 농어업 경쟁력을 세계수준으로 도약시키고자 한다. 올해는 한미FTA 등 본격적인 개방으로 국내외 농어업 환경이 크게 달라질 것으로 예상된다. 농식품 수출은 우리 농수산식품의 경쟁력을 높이고, 개방화에 직면한 농어촌에 희망과 자신감을 불어넣을 것이다.

둘째, 장기적인 수급안정체계를 구축해 국민의 먹거리를 안정적으로 확보할 계획이다. 최근 기상이변 등 곡물시장의 불안정성이 점차 가중되고 있다. aT는 국가곡물조달사업을 통해 주요 식량을 안정적으로 공급하고 물가안정을 뒷받침하고자 한다.

셋째, 사이버거래소 및 식품기업지원센터 운영을 통해 농어업과 식품산업의 동반성장을 지원할 계획이다. aT의 사이버거래소는 농수산물 온라인 직거래의 성공적인 모델을 제시하고 있다. 또 올해 출범한 식품기업지원센터는 우리 농수산업과의 연계를 강화하며 국내 식품기업의 경쟁력을 높이고 있다.

넷째, 지역균형발전에 적극 앞장설 것이다. aT는 나주시는 물론 광주

·전남 지역경제 발전과 일자리 창출을 위해 각종 사업과 사회공헌활동에 적극 참여할 계획이다. 농식품산업에 대한 aT의 노하우, 지자체 및 유관기관과의 협조체계 구축을 통해 전남 지역을 농수산물 유통 및 식품산업 전진기지로 육성하고자 한다.

최근 해외 선진국들은 식품산업을 고부가가치 성장동력으로 인식하고 식품산업 발전에 주력하고 있다. 우리나라도 연매출액 142조 원, 고용규모 188만 명에 이르는 식품산업을 양적으로 성장시키고 질적으로 선진화해야 한다. 식품산업 육성은 일자리 창출, 기업체의 투자유치, 농어가 부가가치 증대 등 지역경제 활성화와 직결된다.

aT의 광주·전남 시대는 국내 식품산업과 전남 지역경제에 새로운 전기를 마련할 것으로 기대된다. 나주에 첫 발을 디딘 aT가 성공적으로 정착할 수 있도록 지역사회와 주민 여러분의 많은 관심과 격려를 당부드린다. | 전남일보 2012.05.09

지역 인재를 양성해야 농업이 산다

지역 청년 대상 인재 양성프로그램 활성화해야

　최근 농업 현장이나 농식품 수출업체 등을 다니면서 지역의 젊은이들을 만나 보면 자신감과 패기가 부족하다는 점을 느끼게 된다. 취업·결혼 등 미래에 대한 불안감이 크고, 농식품 분야에 희망이 보이지 않기 때문일 것이다.

　우리나라는 인적·물적자원이 서울로 몰리는 중앙집중형 성장을 해오면서 중앙과 지방의 대립구도가 심화되는 부작용이 생겼다. 이제 농식품 분야에서 지역 인재를 중점 양성하고, 지역 업체와 지역 대학을 집중 활용하는 방안을 심도 있게 강구해야 한다.

　지역의 농식품산업을 육성하는 것은 일자리 창출, 기업체의 투자유치 등 지역 경제 활성화와 직결된다고 본다. 그래서 aT(한국농수산식품유통공사)는 지역 인재 발굴과 활용을 위해 다양한 방안을 추진 중이다. 이를테면 지난해 정규직원 채용시 지역대학을 배려, 영남권·호남권·충청권·수도권 등 권역별로 선발한 것이 대표적이다. 올해는 시범적으로 4개 권역별 지역대학과 업무협약(MOU)을 체결하고 해당 대학생들을 청년인턴이나 해외지사 수출마케터 등으로 채용할 계획이다.

　aT는 농수산물 유통과 수출, 식품산업 전반에 대한 지역 젊은이의 참여를 촉진시킬 목적으로 지역 대학생과의 멘토링제도 운영, 지역 농식품 기업에 대한 컨설팅 지원 등 다양한 교류 협력사업도 추진할 예정이다.

　또한 수출촉진과 식품산업 육성을 위해 지자체는 물론 해외 대형유통업체 등과의 업무협약 체결 등 다양한 지원사업을 지역 업체와 공동으로 펼칠 것이다. 내년에는 농식품 분야 1일 인턴제 등 지역 청년의 현장 체험기회를 더 늘릴 생각이다.

선진국은 지역인재를 양성하고 활용하기 위해 많은 노력을 펼치고 있다. 미국 메인주는 지난 2003년 유기농 농장 인턴십을 시작했다. 첫해에는 신청자가 70명 정도에 불과했으나 최근에는 200명이 넘는 대학생이 몰렸다. 일본은 지역경제 활성화, 지역 일자리 창출을 위해 2005년부터 '지역재생법'을 시행했다. 이에 따라 지역 대학과 공공단체가 연계하여 도농교류 촉진, 농림어업 및 농산어촌 활성화를 위한 지역 인재 양성에 나서고 있다.

우리나라도 농식품 전문인력을 양성하기 위해 지역 청년들을 대상으로 지속적인 인재 양성 프로그램을 운영해야 한다. 지역 인재 양성이 지역 농업을 살리고 지역 경제를 활성화시키는 가장 중요한 방안이다. 농식품 관련기관 및 단체, 지방자치단체, 농식품업계의 진정성 있는 대안 강구를 기대해 본다. | 농민신문 2012.04.25

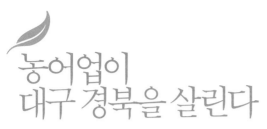

농어업이
대구 경북을 살린다

농어업 발전에서 지속가능한 지역 경제 활로 찾아야

필자는 침체된 대구와 경북 경제를 살리기 위해서는 농어업을 활성화해야 한다고 주장해 왔다. 국가적 과제인 도농 간 균형발전뿐 아니라 지역 경제를 살리기 위해서도 농어업 활성화가 필요하다. 전문기관의 연구결과도 대구는 사회복지, 음식·숙박, 육상 운송업에서, 경북은 농림어업과 광공업에서 높은 고용효과를 보이고 있는 것으로 나타난다. 대구의 산업지원서비스업과 경북의 녹색농업타운, 슬로푸드밸리, 산·강·바다 활용, 관광과 문화 등을 연계한 농식품산업을 발전시키면 새로운 일자리 창출과 생산성 향상으로 대구와 경북이 윈-윈효과를 가져올 것으로 기대된다. 2008년 9월 발표된 5대 광역경제권개발계획에도 대경권은 환동해권 에너지벨트와 내륙 IT융복합 클러스터 형성, 그리고 역사와 전통 문화유산에 기반한 세계수준의 관광벨트개발을 강조하고 있다.

농어업이 대구 경북 경제 활성화에 필요한 이유는, 첫째 대구 경북지역 농업의 중요성 때문이다. 경북 농업은 대한민국 농업의 뿌리이다. 전국 농가인구의 15%, 경지면적의 16%, 축산물 생산량의 18%를 경북이 차지한다. 고을마다 특색 있는 전통문화가 있고, 동해안은 수산뿐 아니라 세계적인 관광지로도 손색이 없다. 대구시에도 4만 7천여 명의 농업인이 있으며 종자, 비료, 자재, 농기계, 농산물 도소매시장, 식당과 외식 등 농어업 관련 전후방 연관산업은 지역경제에서 매우 높은 비중을 차지한다. 특히 도시민의 뿌리는 농촌이며, 농업인의 마음은 민심과 연결된다. 농어업인과 관련 종사자들이 만들어 내는 농심이 민심과 직결되고, 민심은 국민여론을 형성한다.

둘째, 도시민들의 귀농·귀촌이 늘어나고 있기 때문이다. 지난해 1만여 명의 귀농·귀촌이 이루어졌고 이중 경북이 2천 500명으로 1위를 차지하고 있다. 귀농하는 도시민이 가지고 있는 각종 재능, 기술, 자금, 아이디어를 농촌생활에 접목하여 성공 스토리를 만들어내고 있다. 최근 유럽, 일본 등 선진국과 같이 닷새는 도시, 이틀은 농촌에서 생활하는 이른바 "5都 2村" 생활패턴도 늘어난다. 평균수명 증대와 베이비붐 세대 은퇴, 건강중시 등 새로운 생활방식이 귀농증대로 이어지는 것이다. 농촌공간이 농민의 일터에서 국민의 휴양과 삶터로 전환되는 것이며, 바야흐로 '국민농업' 시대에 들어서고 있다. 새로운 국민농업시대에 농어업 활성화는 지역경제 발전과 직결된다.

셋째, 최근 도시농업이 각광받고 있다. 지역경제 활성화를 위해 비중있게 추진되는 대안이 도시농업이다. 도시의 빈터나 건물 옥상, 자투리 땅 등 다양한 공간을 활용하는 도시농업은 일본의 시민농원, 영국의 얼랏먼트, 캐나다의 커뮤니티 가든, 독일의 클라인가르텐 등 선진 여러 나라에서 활성화되고 있다. 옥상농원이나 도시텃밭 등 도시농업은 자연생태계 회복, 열섬현상 방지, 대기정화, 도시혼잡 비용 감소 등 다양한 효과가 있다. 나아가 청소년 인성 함양, 일거리 마련, 소통 원활화, 공동체의식 제고, 지역경제 활성화 등 다양한 경제 효과를 창출하여 지속가능한 도시를 만들어 나간다.

넷째, 농업의 범위와 영역이 종자, 땅, 물, 햇빛을 사용하여 먹을거리를 생산하는 전통농업을 넘어 새로운 식의약소재, 곤충산업, 경관산업으로 확대되고, 첨단 융복합산업으로 발전하기 때문이다. 농업은 이미 로봇과 LED를 광범위하게 활용하고 있고 정보기술, 바이오기술, 나노기술, 문화기술 등 첨단 기술과 융복합하고 있다. 대구의 첨단의료복합단지의 연구성과가 유전공학 등 새로운 농산업 영역과 접목할 때 많은 신성장동력을 창출해 낼 수 있다. 누에고치에서 인공고막을 생산하고 인공뼈 개발도 조만간 이루어진다. 도시 한가운데 빌딩에서 농사를 짓는 이른바 수직형 빌딩농장(Vertical Farm)도 가까이 와 있다. 수직농장 개념을 정립한 미국 컬럼비아 대학의 딕슨 데포미에 교수는 30층 규모의 빌딩농장 하나가 5만 명의 먹을거리를 생산할 수 있다고 주장한다. 금호강 한복판에 100층 규모의 거대한 수직형 빌딩농장을 지으면 20만 명 이상의 일자리가 생기는 것이다. 꿈 같은 소리로 들릴지 모르나, 국내 대기업이 깊숙한 연구를 하고 있고, 이미 서울 근교 빌딩에서 농사를 짓는 기업도 있다.

선진국 지도자들도 농업이 신성장동력을 포함하는 미래 유망 산업이라고 강조한다. 미국 오바마 대통령은 농업이 도전을 겪는 동시에 막대한 경제적 기회 앞에 서 있다고 하고, 프랑스 사르코지 대통령은 농업이 과거 향수의 표현이 아니라 중요한 성공수단이라고 강조한다.

대구 경북은 나라가 어려울 때 중심을 잡은 지역이다. 근대화·산업화의 초석을 놓은 지역이기도 하다. 대구시민과 경북도민이 하나가 되는 '대경불이'(大慶不二) 정신도 농촌과 도시가 하나라는 '농도불이'(農都不二)와 맥을 같이 한다. 활기차고 지속가능한 대구 경북지역을 만들기 위해 농어업을 활성화시키자. | 매일신문 2011.06.14

낙동강
농업 시대를 열자

낙동강 7백리는 신농업 발전의 무한 잠재력 가진 곳

경인년 새해가 밝았다. 경북도민과 대구시민, 그리고 농업인들에게는 신기술로 무장한 신농업의 시대를 열어 기쁨과 행복을 주는 한해가 되기를 기원한다. 사람과 가축 중심의 농사를 반세기만에 세계 최고의 기술농업으로 전환시켜 놓은 우리나라이다. 통일벼 개발로 식량자급을 이룩하여 숙명이던 보릿고개를 극복하고 세계10위국의 경제 강국으로 도약한 나라가 한국이다. 이제는 쌀을 비롯한 대부분 농산물이 과잉생산되어 처분을 걱정해야할 상황이다. 한국 농업의 눈부신 발전은 세계적인 성공사례로 알려진다. 지난해 7월 이탈리아 라퀼라에서 개최된 선진 8개국 확대정상회담에서 미국 오바마 대통령은 식량생산에 관한 한국농업의 성공 모델을 칭찬하였다. 이명박 대통령도 국제사회에서 한국이 역할을 강화하겠다고 화답하였다. 농업기술을 배우기 위한 개발도상국 주요 인사들의 농촌진흥청 방문도 줄을 잇고 있다.

농산물 생산, 유통, 소비, 수출입 등 전분야에 걸쳐 과거에 상상하기 어려운 변화가 일어나고 있다. 농업은 더 이상 사람이 먹는 식량이나 가축 사료만 생산하는 단순한 1차 산업이 아니다. 생산된 농산물을 다양하게 가공하는 2차 산업은 이미 활성화되어 있어 농작물로 각종 농가공품, 음료, 주류, 의류, 섬유, 화장품, 비누, 의약소재 등을 만든다. 농업이 농촌의 자원과 환경, 어메니티, 관광, 볼거리 등을 개발하는 3차 산업으로 발전되고 있다. 최근 농업은 정보, 생명공학, 바이오, 나노기술이 가미된 첨단과학으로 발전되어 1차·2차·3차 산업이 합쳐진 6차 산업이라고도 한다. 컬러 감자, 컬러 고구마, 컬러 누에 등 컬러 농작물을 재배하여 고소득을 올리고 있다. 농촌의 비닐하우스에는 발광 다이오드(LED)를 활용해 다양한 색깔의 컬러 농업도 행해진다. 미국 컬럼비아대학의 딕슨 데스포미어 교수가 제시한대로 식량부족, 물부족, 식품안전에 대비해 공장형 수직농장(Vertical farm)도 추진되고 있다. 농작물과 자생식물을 이용한 식의약 소재로서의 농업도 활발히 전개되는 등 농업의 변화는 생각과 상상을 초월하여 전방위로 일어나고 있다.

경북도의 농업과 농촌은 소중한 국가적 자산이다. 우리나라에서 가장 오래된 음식 조리서인 '음식디미방'이 영양군에서 발굴되었다. 식품 영양학자들이 현대판 건강식이며 웰빙식이라고 극찬한 음식인 바, 식품산업을 발전시켜 경북 농업을 고부가가치 산업으로 발전시키자. 낙동강 700리를 개발하여 인삼밭으로 만들면 어떨까.

깊은 산속의 인삼이 아닌 강변의 인삼으로 바꾸어나가고 인삼의 대중식품화를 추진하자. 강 주변에 뽕나무를 심어 누에를 키우고 잠업을 부활시키자. 잠업은 더 이상 사양산업이 아니라 동충하초, 오디 화장품, 비누, 치약 등 각종 건강기능성 제품을 만드는 고부가가치 산업이다. 최근 농촌진흥청에서 누에고치를 이용한 인공고막을 개발하였다. 조만간 인공뼈 개발로 이어질 전망이며 인공뼈의 세계시장은 5조 원에 이른다.

강 주변의 자생식물에서 바이오 에너지와 첨단 식의약 소재를 추출해내고, 꽃길과 승마단지를 만들어 도시민의 관광 코스로 만들어내자. 잡곡이 쌀보다 더 귀한 시대를 맞아 잡곡단지를 경북 북부지역에 조성하자.

경북의 다양한 농업·농촌자원을 우리 것으로 만드는 기술을 개발하고 아이디어를 모으면 낙동강 유역은 세계 유례없는 복지 농촌 공간이 될 것이다. 새마을 운동으로 절대 빈곤에 처해있던 우리 농촌을 한단계 올려놓은 경북도이다.

세계화가 불가피하나 세계화(Globalization)와 지방화(Localization)를 합한 세방화(Glocalization)가 되어야 경쟁력이 있다고 국제전문가인 토머스 프리드먼이 강조하였다. 낙동강을 중심으로 '신 농업시대'를 여는데 경북 도민과 대구시민의 적극적인 협조와 지원을 부탁드린다.

| 영남일보 2010.01.09

Chapter

18

우리 농업의
미래를
고민하면서

농어촌
10만 정예인력 육성을

맞춤형 교육으로 지역사회 리더로 키워야

조선시대 율곡 선생은 일본 침략을 예견하고 '10만양병설'을 주장했다. 당파싸움과 국론 분열로 그의 주장은 받아들여지지 않았고 8년 후 임진왜란으로 엄청난 피해를 입었다. 400여년이 지난 지금 농어촌 현장은 세계무역기구(WTO) 협상, 자유무역협정(FTA), 구제역 등 가축질병 발생으로 거의 전쟁에 버금가는 상황이다. 과거에 상상할 수 없는 이러한 변화를 수용하고 미래를 이끌어 갈 새로운 리더로서 우리 농어촌에도 10만 정예인력이 필요하다.

정부는 올해(2011) 농어촌 정예인력 10만 명을 핵심 리더로 양성할 계획이다. 직업이나 나이를 불문하고 농어촌 정착의지가 있는 젊은 청년이나 농업인 또는 인생 이모작을 설계하면서 귀농·귀촌 하려는 도시민 등 각계각층의 인력으로 지역사회의 리더를 육성한다. 이들을 중심으로 영농기초기술, 자재사용기술, 조직관리, 마케팅 등 각종 맞춤형 교육을 실시해 농어촌을 활력화시켜야 한다.

지난해 농가인구는 312만으로 전체인구의 6.4%로 줄어들었고 노령화돼 농어촌 현장에 인력 부족상황이 심각하다. 농촌현장에 외국인 근로자가 늘어나고 있지만 국가전체로는 경제활동인구 중 외국인은 2.2%에 불과하며 농촌현장 근무자는 그리 많지 않다. 하지만 농촌현장에서 외국인 근로자나 다문화가정의 역할이 점차 증대되고 있어 이들의 교육·언어·건강·복지 등에 관심을 가지고 체계적으로 관리해야 한다. 구제역 발생원인의 하나로 농촌 외국인 근로자의 위생과 검역 및 안전의식 결여를 들기도 한다.

과거 워싱턴 D.C. 소재 주미 한국대사관에서 농무관으로 근무하면서 미국의 많은 농장을 둘러 봤다. 미국 농촌현장에서 일하는 인력이 대부분 중남미나 동남아 등 외국에서 온 노동자들이었으며 농장주를 만나기가 쉽지 않았다. 대부분 경영 컨설팅이나 교육을 받으러 갔거나 어느 농장주는 하원의원을 만나러 갔다고 했다. 그 당시에는 주인이 농장 일은 하지 않고 쓸데없이 돌아다닌다고 생각했는데 그게 아니었다. 농장주가 해야 할 일과 농장 근로자가 해야 할 일이 다르다는 점을 한참 후에 깨달았다.

농어촌 정예인력은 사명감을 가져야 한다. 이들이 가는 길은 아무도 가지 않은 길이고 험한 길이다. 서산대사의 답설야중거(踏雪夜中去) 시에 '오늘 내가 걸어가는 발자국은 뒷사람의 이정표가 된다(今日我行跡, 遂作後人程)'고 했다. 농어촌의 어려움을 극복하고 국가 미래를 짊어질 10만 정예인력이 앞으로 미래 농어촌을 열어갈 수 있도록 적극 지원하자.

| 서울경제 2011.01.17

농협법 개정으로
새로 태어나는 신 농협

농촌 살리기에 앞장서는 새 농협으로 거듭나길

농업인의 오랜 숙원인 농업협동조합법이 개정되었다. 농업과 농촌의 활력 증진을 위해서는 농협의 역할 변화가 필요하고 농협의 역할 변화는 신용과 경제사업 분리를 포함한 사업구조가 개편되어야 한다는 것이다.

농협 개혁은 실로 수십 년간 농업계의 숙원사항이었다. 우루과이라운드(UR) 이후 마련된 1994년 농어촌발전대책에서 농협 신용과 경제 부문 분리를 제시한 이후 17년 만에 법이 개정된 것이다. 1961년 농협 설립 이후 농산물 생산, 유통, 금융 등 여러 분야에서 농협은 많은 역할을 했다. 그러나 50년 전 법 제정 당시의 농업 여건과 최근 상황은 너무나 다르다. 개방이 본격화 되고 농업의 생산, 유통, 농촌 인력구조, 도시민 소비패턴, 농협 역할 등 모든 면에서 엄청난 차이가 있다. 급변하는 여건에 제대로 대응하지 않으면 경제든 신용이든 살아남기 어렵다. 미래의 농업경쟁력을 높이기 위해 농협이 주도적으로 변해야 한다는 국민적 공감대가 형성되어 왔다. '돈 장사' 즉 수익성에 너무 치중하지 말고 농민이 생산한 농산물을 '제값에 잘 팔아주는' 역할을 하라는 요청이 증대해 왔다.

이번 농협법 개정은 금융 부문과 경제·유통 부문의 분리가 핵심이지만 경제사업 활성화, 교육지원 강화, 중앙회 역할 변화, 조합장 동시 선거 등 많은 내용을 포함한다. 하나의 중앙회를 1개 중앙회와 농협경제지주, 농협금융지주의 2개 지주회사 체제로 개편하였다. 다루는 과제가 많다 보니 여러 분야에서 다양한 의견이 제시되고 논란도 많았다. 그러나 수많은 토론을 거치면서 다소 미흡한 점이 있더라도 이번에 농협법을 개정해야 한다는 여론이 형성되었다. 국민적 공감대가 형성된 농협법 개정안이 이달(2011.03) 11일 여야 간 합의로 처리되었다.

국회 본회의 처리과정에 재적의원 241명 중 찬성 210표, 반대 13표, 기권 18표의 투표 결과가 농협법 개정에 대한 국민적 염원을 잘 말해 준다. 이번 농협법 개정에 대해 대체로 만족스러운 평가를 받고 있으나 후속 조치를 차질없이 해야 한다는 요구도 많다. 법적 기반을 갖춘 만큼 향후 부족 자본금 지원, 조세특례, 경제사업 활성화, 농협 구조개편과 자율성 보장 등 많은 과제를 제대로 추진하는 것이 더욱 중요하다.

이번 개정 농협법의 핵심은 중앙회 사업구조개편을 통해 경제사업을 활성화하자는 것이다. 지역조합과 중앙회 사업의 최우선 목표를 농업인이 생산한 농산물을 팔아주는 경제사업으로 설정하고, 적극 이행하도록 의무를 부과하였다. 이제 우리 농협도 선진국 농협에 못지 않게 경쟁력을 갖추고 수익성도 높아지게 될 것이다.

미국의 '썬키스트', 뉴질랜드의 '제스프리' 등은 우리나라에도 잘 알려진 제품들이다. 이 제품들은 전부 협동조합에서 생산하여 판매하는 것이다. 최근 우리나라에서도 비슷한 노력으로 효과를 나타내는 '햇사레'(복숭아)가 있다. 햇사레는 경기 이천(장호원)과 충북 음성(감곡, 음성) 지역조합들이 연합하여 만든 상품이다. 햇사레는 규모화에 따른 유통 효율성, 균질한 품질과 탁월한 상품성으로 브랜드 마케팅이 가능하다. 복숭아 한 품목으로 500억 원의 매출 규모를 기록하고 있고 약 1천억 원의 브랜드 가치를 가진다. 외국 협동조합만 잘 하라는 법이 없으며 우리나라도 얼마든지 잘 할 수 있다.

농협법 개정은 이제 시작이고 진정한 개혁은 지금부터이다. 법개정은 농민을 위한 협동조합이 제 역할을 하도록 하는 기초를 만든 것에 불과하다. 법 취지나 내용을 충실히 이행해야 하고 개정 내용을 널리 홍보하여 농업인의 참여를 촉진해야 한다. 농협개혁안에 대해 그간 논의과정에서 제기된 문제점에 대한 보완도 이루어져야 한다. 정부는 내년 3월 성공적 출범을 위해 하위법령 개정 등 각종 조치를 차질없이 추진할 것이다. 성공적 기능 수행을 위해 농협과 농업계는 물론 온 국민이 중지를 모으고 협조해야 한다. 배추 파동, 구제역 파동 등 크고 작은 많은 농업 현안이 산적해 있다. 한-EU FTA, 한-미 FTA 등 본격적인 개방시대에 직면해 대응방안을 조기에 마련해야 하고, 가까이 다가온 기상이변이나 자연재해에도 대비해야 한다. 농촌인구 감소나 농가소득 정체, 경제침체에 대비하여 농촌에 활력도 불어넣어야 한다.

이제 농협이 농협법 개정을 계기로 다시 태어나 국민 삶의 터전인 농촌을 살리는 데 앞장서야 한다. 정부는 농협법 개정을 계기로 희망 있는 농업의 새로운 미래를 열어갈 것이다. 금번 농협법 개정에 협조해 준 농업인, 농업인단체, 농협중앙회 임직원, 여야 의원 등 모든 분들께 감사드린다. 이제 국민 모두가 새로 태어나는 '新농협'에 대한 이해와 사랑, 그리고 협조를 기대한다. | 매일신문 2011.03.22

위기대응 농업 시대

대형화 되는 위기에 체계적인 대응능력 갖춰야

최근 세계농업 부분에서 두드러지게 나타나는 특징은 기상이변이나 곡물파동 등 위험요인이 크게 증대된다는 점이다. 기후변화와 기상이변이 세계식량시장의 불안정성을 증대시키고 식량수입국가는 물론 세계경제에 큰 위험요인으로 작용한다. 곡물과 원자재가격 상승에 편승한 투기자본이 농산물 시장불안을 부추기고 있어 이제는 '식량의 무기화'를 넘어 '식량의 투기화'가 되고 있다.

농산물시장 불안은 농업위기를 가져오고 농업위기는 경제위기와 겹쳐 국가 간 분쟁을 야기하고 세계경제를 교란시키기도 한다. 기후변화가 세계 어느 나라보다 심각한 우리나라에서 이미 여름철 고랭지 '배추파동'을 겪었고, 겨울 월동배추도 이상한파로 생산이 급감하고, 구제역 파동과 같은 위험요인도 증대되고 있다.

문제는 이러한 변화와 위기가 향후 지속될 것이라 전망된다는 데 있다. 많은 학자들과 연구기관은 밀·콩·옥수수·쌀 등 주요 곡물가격은 향후 수십 퍼센트에서 수백 퍼센트 상승할 것으로 예측하고 있고 올해 (2011)부터 그 조짐이 나타나고 있다. 기온과 강수량 변화, 사막화, 한파 등 기후변화와 가축질병 등 위험요인은 이제 피할 수 없으며 이에 대응한 위험관리방안 구축이 시급하다.

최근 경제협력개발기구(OECD)에서 태풍·냉해·병해충·가축질병 등 농업 분야에서 발생하는 위험유형을 기준으로 위험관리 정책수단을 제시한 바 있다. 위험 사전예방, 위험 영향 완화, 위험 극복 등 여러 유형

별로 정부와 개인 역할을 제시한 것은 우리에게 시사하는 바가 크다.

농업 분야는 전통적으로 기온·강수량 등 기상여건에 크게 의존하고, 병해충이나 가축질병 등 위험요인이 상존한다. 최근에는 위험요인이 다양화되고 예측하기 어려우며 대형화되는 특성이 있다. 이런 때일수록 작은 위험요인을 예측하고 대형 재해로 확대되는 것을 막는 전략이 필요하다. 재해예방과 관련한 1:29:300의 '하인리히 법칙'이 있다. 1건의 대형사고가 발생하기 전에 29건의 가벼운 재해가 있고 그 전에 300건의 작은 실수가 벌어진다는 것이다. 농업 분야에도 크고 작은 위험요인과 재난이 수없이 많으며 언제든지 올 수 있다.

위기 징후를 미리 포착하지 못하거나 과거 실패를 반복해서는 안 된다는 것이 위기관리의 핵심이다. '실패학'의 창시자인 하타무라 요타로 일본 도쿄대 명예교수는 '모든 실패에는 귀중한 지식이 숨어 있다'면서 '새로운 일에 도전하고 성공과 발전의 과정에서 벌어진 실패는 용서할 수 있는 실패'라고 했다.

자유무역이 본격화 돼 사람과 물건의 이동이 늘어남에 따라 기상재해·병해충·가축질병 등 타국의 위험요인이 국내에 전파될 가능성도 커진다. 올해 농정의 핵심과제가 '농어업 분야 위기관리 강화'이며 '위기대응 농업'이 필요한 것도 그 때문이다. | 서울경제 2011.02.07

굳세어라 우순아!

구제역 낙동강 방어선 지켜내자

우리 민족은 위기 때마다 일치단결하여 어려움을 극복하였고 그 중심에 대구·경북이 서 있다. 6·25 전쟁의 승리계기를 잡은 것도 낙동강 방어전이며, 이 전투의 승리로 인천 상륙작전이 성공할 수 있었고 이 나라를 지켜냈다. 대구에서 일어난 2·28학생의거가 마산의 3·15 부정선거 규탄시위로, 나아가 4·19 혁명의 도화선이 되어 이 나라 민주주의를 지켰다.

구제역이 전국을 휩쓸지만 낙동강에서는 방어해야 한다. 지난해 11월 말 안동에서 발생한 구제역이 전국적으로 확산되고 있어 거의 재난 수준이다. 축산인·공무원·군인·경찰 등 약 50만 명의 인력이 방역작업에 총력을 기울이고 있으나 완전히 종식되지 않고 있다. 지금까지 살처분·매몰된 가축은 소가 약 14만 마리, 돼지가 약 213만 마리에 이른다. 매몰된 소는 우리나라 전체 소의 약 4%, 돼지는 전체 돼지의 약 22% 수준이다. 엄동설한에 매몰·방역·이동제한, 소독을 하는 국민들의 노고에 진심으로 감사를 드린다. 방역작업을 하다 공무원 6명이 사망하고 1명이 중태이며, 군인도 1명 숨졌다. 방역작업 중 다친 부상자나 정신적 고통을 겪는 사람도 수십명이다. 살처분 보상과 지원에 들어간 예산만도 1조 원을 넘어섰는데, 각종 행사 취소에 따른 경기침체나 소비위축을 고려하면 피해액은 훨씬 크다. 아직 예단하기는 이르나 백신작업이 마무리되면 구제역은 잡힐 것이다. 경북지역은 전국 소의 18%인 62만 마리가 사육되고 있으므로 긴장을 늦춰서는 안 된다. 소를 살처분·매몰하고 망연자실해 있는 농가의 아픔에 위로의 말씀을 드리며 희망을 가지시길 부탁드린다.

구제역 피해가 너무 크다 보니 우리나라에서 소·돼지 등 가축을 키우지 말고 전량 수입해서 먹자는 극단적인 주장도 나온다. 한마디로 잘못된 생각이다. 우리 민족은 소와 같이 살아온 민족이다. 소를 키우는 외양간을 집안에 두고 아침·저녁으로 소죽을 끓여주었다. 사람은 끼니를 걸러도 소 먹이는 거르지 않도록 신경 써 왔고, 낮에는 논밭에서 같이 일을 했다. 소가 늙으면 도축하였는데 머리부터 발끝까지 버리는 부분이 없을 정도로 소고기를 애용했다. 그래서 우리 소를 대한민국의 '한'(韓)자가 들어간 '한우'(韓牛)라고 한다. 지난해 양돈협회에서 돼지에도 '한돈'(韓豚)이라 이름 지었지만 이 땅에 사는 동식물 중에 '한' 자가 들어가는 것은 소밖에 없다. 그만큼 한우는 우리 민족의 정서이고 소중한 가축이다. 경제발전과 소득증가로 최근 소고기 소비량이 크게 늘어나, 지난해 1인당 소비량은 8.1kg으로 1970년의 1.2kg에 비해 거의 7배나 늘어났다. 농촌경제에서 차지하는 축산 부문의 위상도 매우 높아 42조원의 농업생산액 중에서 축산 부문이 40%를 차지할 정도이다. 세월이 흘러 한솥밥을 먹는 '식구'로서 한우의 위상은 많이 추락하였으나, 축산이 붕괴되면 농촌경제는 희망이 사라질지 모른다.

소 구제역 발생원인을 두고 서로 내탓 네탓을 하거나 일부 지역에서 주민 간에 갈등이 일어난다고 한다. 부끄러운 일이다. 정부가 국경검역을 강화하고 이동통제와 소독강화, 관련 법령 개정 등 가축질병 방지를 위한 근본적인 대책을 추진 중에 있다. 공항과 항만을 철저히 검역하고 전문 인력과 조직을 늘리며 엄격한 방역 조치를 취해도 정부가 구제역을 근본적으로 차단하는 데는 한계가 있다. 지난해 1천 700만 명이 해외를 다녀올 정도로 해외여행자가 너무나 많다. 구제역 발생지역도 아시아·아프리카·남미·유럽 등 지구촌 전반이며, 지난해만도 39개 국가에서 발생했다. '내 농장은 내가 지킨다'는 책임의식으로 농가에서 1차 소독을 철저히 하는 것이 가축질병을 방지하는 기본이다.

문제는 축산환경과 사육방식 개선이다. 밀집형 사육, 공장형 축산에서 탈피하여 사육공간 확보, 마릿수 제한, 주변환경 개선 등이 종합적으로 이뤄져야 한다. 소에 대한 인식도 재고해야 한다. 소도 사람과 함께 지구상에 살아가는 동물이므로 동물의 건강과 안전에 대한 인식을 해야 된다. 유럽에서는 사육환경을 포함한 소의 복지까지 고려한 축산을 한다. 소도 살고 사람도 사는 상생축산이 필요하다.

대구·경북인이 낙동강 방어전을 지킨 것과 같이 낙동강을 사수하여 구제역에서부터 축산을 지키자. 축산인이여 희망의 끈을 놓지 말자. 이 땅의 한우들이여 죽지 말고 살아다오. 굳세어라 우순(牛順)아!

| 매일신문 2011.01.25

구제역
축산 선진화 계기로

이력추적제도 강화로 질병 예방 힘써야

구제역 발생으로 애써 키운 가축을 살처분·매몰하는 농가의 안타까움을 위로한다. 더불어 엄동설한에 방역작업에 종사하는 국민 모두에게 감사의 말씀을 드린다. 혼신의 노력으로 구제역을 조기 종식할 것을 약속드리며 끝까지 협조해 주실 것을 부탁드린다.

아울러 현 시점(2011.01)에서 구제역 극복과 함께 앞으로 우리 축산업의 나아갈 방향에 대해서도 다양하게 제시된다. 일부에서는 좁은 우리나라에서 소·돼지 등 가축을 기르지 말고 전량 외국에서 수입해 먹자고도 한다. 하지만 국민정서와 농촌현실, 식생활 패턴을 감안할 때 현실적으로 어렵다. 우리 민족은 오랜 역사 동안 소와 같이 생활해와 정서적 친근감이 있다. 그래서 우리 소에 '韓' 자를 붙여 '한우(韓牛)'라고 부른다.

경제발전과 소득증가로 쇠고기 소비량도 급증하고 있다. 지난 1970년 1.2kg이었던 1인당 쇠고기 소비량이 지난해는 8.1kg으로 거의 7배 증가했다. 농업생산에서 축산이 차지하는 비중이 40%나 돼 축산을 배제한 농촌경제 활성화는 어렵다. 인류학자 마빈 해리스는 "건전한 영양을 위해서는 동물성 식품이 식물성 식품보다 더 중요하다"고 했다. 인류의 중요한 단백질 공급원이 육류이므로 육류를 전혀 먹지 않고 살기 어려워 적정량의 섭취는 필요하다.

구제역을 막기 위해 국경검역 강화 등 정부의 강력한 대책도 필요하나 농가차원의 소독과 철저한 방역이 가장 중요하다. 공장형 축산과 밀집 사육 등 사육방식의 개선과 축산에 대한 인식변화도 요청된다. 향후 축산업 허가제, 해외여행시의 신고 및 소독 의무화, 질병관리 및 예찰 시스템 강화 등 가축질병 방지를 위한 근본적인 대책을 세워나갈 것이다. 전국의 소에 대해 출생부터 노축·가공·판매 등 각 단계별로 정보를 기록·관리하는 이력추적제도가 성공적으로 정착되고 있다.

향후 이력추적제도를 더욱 보강하면 가축질병 예방에도 크게 도움 될 것으로 확신한다. 또 농업 분야의 발달된 정보 기술은 비용절감과 생산성향상, 에너지 감소 등 많은 성과를 내고 있어 이러한 정보기술을 가축 사육과 축산위생 및 식품안전에 확대 적용하면 가축질병도 대폭 줄일 수 있다. 축사 내의 온·습도 관리, 환경제어, 사료급여, 이동경로 파악, 질병관리 등에 만전을 기하면 어느 나라보다 조기에 축산선진화를 기할 수 있다.

동물의 세계도 인간과 크게 다르지 않다. 구제역 파동을 계기로 인간과 동물이 공존하는 '상생축산' 의 의미도 새기자. 첨단 생명과학시대에 한낱 동물질병 바이러스에 당하고 있기는 하나 구제역은 극복하지 못할 질병이 아니다. 구제역 위기를 맞아 절망하기보다는 우리 축산이 선진화 되는 계기를 만들어나가자. | 서울경제 2011.01.24

40년 만에 만난
스승에게 배운 것

못난 제자들도 그리워하는 참 스승의 모습

15일(2013.05)은 스승의 날이었다. 매년 돌아오는 스승의 날이지만 올해는 감회가 새로웠다. 40년 만에 만나본 고교 은사로부터 배운 깨달음과 감사함, 그리고 소중한 추억 때문이다.

작년 12월 어느 날, 지방에 계신 은퇴하신 노학자이자 고교시절 담임 선생님으로부터 전화를 받았다. 필자가 G20 농업장관회의에 기여한 공로로 프랑스 정부로부터 기사(Chevalier) 훈장을 받았다는 언론보도를 보고 연락한 것이다. 제자에게 축하하면서 꼭 서울에 올라와 당시 담임으로 근무했던 학급 학생들을 초대하여 식사자리를 만들겠다고 하셨다. 까까머리 고교생들이 이제 다 늙고 은퇴하는 시기이지만 그래도 불러놓고 이야기하고 싶다고 하셨다. 스승보다 더 나이들어 보이는 제자들도 있었으나 모처럼 스승님을 모시고 즐거운 시간을 가졌다.

주옥같은 소중한 말씀은 예나 지금이나 여전하시다. "자네들을 담임하던 시절에 내 역량의 90%를 말썽 부리는 제자들 지도하는 데 쏟았다. 자네 같은 학생들에게는 10% 정도밖에 쏟지 못했다", "이 나라 민주화와 산업화의 역군들에게 우리가 너무 소홀한 것 같다"는 등 많은 말씀을 하셨다. 특히 학창시절에 애를 먹이던 친구들의 이름을 기억하면서 일일이 근황을 물어보시는 제자 사랑에 감동을 받았다.

나라를 위해 더 많은 일을 해줄 것을 부탁하시는 선생님을 뒤에 두고 꼭 스승의 은혜에 보답하겠다는 약속을 하고 돌아섰다. 며칠 후 선생님

께서 최근 쓴 책도 보내오셨다. 영문학자의 글로벌 문화체험담인데 동서양의 문화 차이가 우리에게 어떻게 접목되고 활용되는지를 잘 설명해 주고 있었다. 세월이 흘러도 활발한 활동을 하며 제자들에게 깨우침을 주시는 모습에 많은 것을 느꼈다.

다산 정약용은 20년의 유배생활 중 많은 젊은이들과 사제의 인연을 맺었는데, 특히 황상(黃裳)이라는 애제자가 있었다. 황상은 스승에게 "저는 첫째로 머리가 둔하고, 둘째로 앞뒤가 막혀 답답하며, 셋째로 이해력이 부족합니다"라고 호소한다. 정약용은 제자에게 삼근계(三勤戒), 즉 세 가지가 부지런하면 된다는 가르침을 써준다. "배우는 사람은 보통 세 가지 큰 문제가 있다. 첫째, 빨리 외우면 재주만 믿고 공부를 소홀히 한다. 둘째, 글재주가 좋으면 속도는 빠르지만 글이 부실해진다. 셋째, 이해가 빠르면 깨우친 것을 대충 넘기고 곱씹지 않으니 깊이가 없다." 황상은 스승이 적어 준 '삼근계'를 종이가 너덜너덜해질 때까지 보고 또 보면서 평생 실천했다고 전해진다.

황상은 평생 스승을 지극정성으로 모셨을 뿐만 아니라 스승이 죽은 뒤에도 예를 다했다. 감동한 정약용의 아들들은 두 집안의 후손 간에 대대로 우의를 다지자고 약속하는 정황계안(丁黃契案)을 만든다. 황상은 벼슬길에 나가지 않았지만 정약용의 아들을 통해 황상의 시가 주류 시단에 알려지게 된다. 세월을 뛰어넘은 스승과 제자의 아름다운 미담이다.

진정한 스승상은 사람마다 다를 것이다. 그러나 제자를 사랑하는 마음이야말로 첫째 조건이 아닐까. 은사의 저녁 초대와 보내온 책자의 내용, 한류열풍, 한국 음식 등을 생각하면서 진정한 스승상을 생각해 본다. 청출어람(靑出於藍)은 쪽에서 나온 빛이 쪽보다 더 푸르다는 뜻으로, 제자가 스승보다 나은 것을 비유한다. 그러나 아무리 뛰어난 제자도 스승의 제자 사랑과 배려는 따라가기 어렵다는 것을 깨달았다.

40년 전 제자의 사회활동에도 관심을 가지고 지켜보는 것이 우리의 스승이다. 제자의 일을 자신의 일처럼 기뻐하고 축하해 주는 스승이야말로 우리 시대 모두가 존경하고 기대하는 스승상이 아닐까. 자기가 가르친 제자들이 사회 곳곳에서 열심히 일하는 모습을 지켜보면서 기뻐하는 것이 스승이다. 자신이 챙기지 못했던 못난 제자들도 그리워하는 것이 스승의 모습이다. 스승의 날을 보내며 오랜 세월 한결 같은 스승의 사랑에 다시 한 번 고개가 숙여진다. | 경인일보 2013.05.16

저수지의
과거와 미래

저수지를 지역경제 활성화 자원으로

기후변화와 식량위기가 남의 나라 이야기만이 아니다. 최근 식량생산 여건 악화가 국제 투기자본과 편승해 세계경제 불안으로 이어진다. 그 결과 식량의 안정적 확보는 개별 국가 과제이면서 세계경제 안정과도 직결되는 중요한 현안이다. 우리 주곡인 쌀의 안정적 생산이 새삼 중요하게 다가온다. 벼농사 기초는 종자와 농지, 그리고 물인데 최근 물의 중요성이 매우 커지고 있다.

우리나라는 산지가 많고 연간 강수량의 3분의 2가 7월에서 9월에 집중돼 물을 안정적으로 확보하기 쉽지 않다. 물을 저장해 영농기에 사용하기 위해 옛날부터 못이나 소류지 또는 저수지를 활용해 왔는데 특히 저수지는 우리에게 매우 소중했다. 제천 의림지, 김제 벽골제 등 저수지는 소중한 문화자산이자 우리 역사의 한 부분이기도 하다.

전국 방방곡곡에 약 1만 8000여 개의 크고 작은 저수지가 있으나 이 중 64%가 축조된 지 50년이 넘어 많이 낡고 누수도 심하다. 자연재해에 매우 취약한 바 최근 기상이변과 집중호우가 잦아 저수지 시설 확충이 시급하다.

저수지 확충 못지않게 역할과 기능도 개선해야 한다. 농사를 짓기 위한 물 저장시설을 넘어 하천생태계를 보호하고 농촌 생활과 환경 및 관광시설로 발전시켜야 한다. 지난 2009년부터 실시하는 '저수지 둑 높이기 사업'은 농업용수를 안정적으로 확보할 수 있고 농사철 외에는 가둔

물을 하천에 흘러 보내 물속 생태계도 살리고 있다.

저수지 둑 높이기는 새로운 농촌지역 개발사업으로 각광 받는다. 오락·휴식·레저에 대한 수요 증가로 농촌관광이 크게 늘어나고 저수지가 전망 좋은 관광코스로 인기를 끌고 있다. 저수지 주변 경관과 지역 특색을 반영한 저수지 둑 높이기 사업은 새로운 복합문화공간으로 지역주민의 호응을 받는다. 충북 보은군에 위치한 궁저수지에는 전래동화를 테마로 하는 14개의 소공원을 조성하고 충남 논산에 위치한 '탑정저수지'는 백제를 상징으로 하는 '위풍당당 8경(景)'을 도입했으며 경북 상주 오태저수지는 생태·건강을 테마로 해 수변공간에 오토캠핑장·수상레포츠·특판장 등을 계획하고 있다.

특히 오는 5월에는 '아름다운 저수지 Best 10 콘테스트'를 실시할 것이며 10월에는 저수지 사진전도 개최할 계획이다. '농어촌 여름휴가 페스티벌' '토속어류 방류' 행사 등 다양한 행사도 저수지 중심으로 실시한다.

저수지 개발은 미래 수자원 확보와 생태계 보전에도 중요하다. 나아가 농촌지역의 어메니티 재인식, 쾌적한 수변공간 조성, 지역경제의 활성화에도 크게 기여할 것이다. | 서울경제 2011.02.21

컬러 농업의 시대

첨단과학과 감성이 미래 농업 키운다

21세기는 감성의 시대다. 음악, 자동차, 건축, 패션 등 많은 분야에서 오감을 활용한 감성적 접근이 소비자를 만족시키고 있다.

감성을 자극하는 오감 중에 시각의존도가 87%에 달하는데, 그중 80%가 바로 색(Color)이라 한다. 한국인이 좋아하는 색 1위는 검은색(23%), 2위가 흰색(16%), 분홍색, 파란색, 빨간색 순이라는 한국갤럽 조사 결과도 있다.

농업에도 색채에 대한 소비자 감성을 반영하는 '컬러 농업'이 새롭게 주목받고 있다. 기존 초록색 일변도에서 벗어나 검은색 붉은색 등 다양한 색상의 벼, 컬러 감자, 컬러 고구마, 컬러 누에, 컬러 버섯 농산물이 소비자의 눈길을 사로잡는다. 컬러 벼를 활용한 대형 논 그림은 농촌관광의 새로운 테마로 등장했다. 붉은색 푸른색의 발광다이오드(LED) 조명으로 농촌의 밤 온실 풍경은 새로운 볼거리까지 제공한다.

먹을거리인 우리 한식에도 색채감이 새롭게 강조된다. 청, 적, 황, 흑, 백의 오방색에 일곱 가지 무지개 색을 더한 최고의 색채미를 가진 음식이 한식이다. 김치, 구절판, 비빔밥도 오방색을 토대로 하고 있다. 오방색에 근거한 우리 전통 한식은 시각적인 아름다움뿐만 아니라 건강도 고려했다.

오방색으로 오장육부를 다스리는 한방 요법은 음양오행설을 근거로 하고 있고 조상의 지혜가 담겨 있다. 정갈하게 담겨진 형형색색의 한국 음식을 보며 '원더풀'을 연발하는 외국인의 눈길은 단연 한식의 색감에

고정되어 있다.

시각적 감성을 넘어 건강이라는 소비자의 인식에도 색이 중시된다. 컬러 농산물은 노화방지는 물론 질병 예방과 영양 증진에 탁월한 효능이 있다. 붉은색은 심장질환에, 검은색은 노화방지에 좋다. 암과 성인병 예방 효과가 있는 검정콩, 검정쌀이 '블랙푸드'로서 인기를 끌고 있다.

최근 개발된 안토시아닌 함량이 높은 보라색 고구마는 지난 10월 한·일 정상회담 건배주의 막걸리 원료이기도 하다. 잔주름 제거와 미용 효과가 있는 컬러 감자는 화장품으로, 컬러 누에는 천연색 실크로, 농업용 LED 컬러 조명은 해충퇴치 기술로 발전하고 있다.

전통 농업에 정보, 생명공학, 나노기술 등이 융복합하고 여기에 색깔이 추가되는 '컬러 농업'이 감성과 웰빙시대의 블루오션으로 각광받고 있다. | 매일경제 2009.11.25

쌀의 무한 변신

쌀 활용에 국민적 지혜 모을 때

쌀은 하늘과 땅, 태양과 물 등 자연이 인류에게 내린 축복의 선물이다. 우리 민족에게 쌀은 단순한 식량이 아니라 생명이고 문화다. 세계에서 가장 오래된 볍씨가 발굴된 곳이 우리나라이며, 쌀농사 역사는 1만5000년이나 된다. 한국인이 가장 많이 섭취하는 식품이 쌀이며, 밥을 중심으로 떡, 식혜, 술 등 쌀로 만든 식품은 아주 많다.

쌀의 과잉 생산이 걱정이다. 492만 t 에 이르는 올해(2009)도 생산량은 적정 수요량보다 많아 다양한 해결 방안을 찾고 있다. 근본적인 대책은 생산 조절과 소비 촉진이나 간단하지 않다. 기후변화와 물 부족, 불안한 국제곡물시장 여건을 고려하면 어느 정도는 여유분을 가져야 한다. 농업 소득에 미치는 심리적 불안감도 해소해야 한다.

쌀의 건강 기능성이 재조명된다. 쌀은 양질의 단백질, 식이섬유, 비타민, 무기질 등이 많아 영양적으로 우수하다. 채소, 생선, 육류 등 거의 모든 음식과 궁합이 잘 맞는다. 신비한 기능성 물질도 많다. 쌀눈에는 감마 오리자놀이 많아 고혈압과 당뇨, 스트레스 등에 효과가 높다. 쌀밥은 고급 건강식품이자 종합영양제다. 우리 국민 비만율이 약 3.5%로 일본과 더불어 경제협력개발기구(OECD) 국가 중 가장 낮은 것은 쌀 중심 식문화 덕분이다.

쌀은 웰빙 트렌드에 알맞은 다이어트 식품이고, 약과 음식은 뿌리가 같다는 약식동원(藥食同源) 상품이다. 얼마 전 국순당 배상면 선생이 필자에게 보내온 《일본 제일의 맛있는 쌀의 비밀》이란 책에서 저자는

'가공식품에 알맞은 품종 개발'을 강조하였다. 농촌진흥청에서 술 만드는 설갱벼 등 기능성과 가공용 적성을 가진 41개 벼 품종을 만들었으나 추가 개발이 필요하다.

우리 쌀은 약 95%가 밥으로 소비된다. 쌀 용도를 다양화하여 술, 떡, 빵, 국수, 된장, 기름 등 새로운 시장을 창출해야 한다.

최근 막걸리가 부활하면서 3000억 원 이상의 새로운 시장이 살아났다. 먹고 마시는 쌀 소비 위주에서 비식용이나 산업용 소비에도 눈을 돌려야 한다. 쌀종이, 쌀용기, 미용제품, 포장기구 등 타 용도 활용에 국민적 지혜를 모아 보자. 버리는 '무청 쓰레기'를 '시래기'로 변신시키는 우리 민족이다. 쌀의 무한변신을 통한 쌀 산업 발전을 기대해 본다.

| 매일경제 2009.12.11

디지털 노마드와
소통

구성원간 소통 원활해야 사회 발전 가능

프랑스의 사회학자 자크 아탈리는 저서 《21세기 사전》에서 21세기형 신인류의 모습으로 디지털 노마드(Digital Nomad)를 제시했다. 노마드는 유목민을 뜻한다. 인터넷, 휴대전화, 모바일기기 등 정보통신의 발달로 시간적, 공간적 제약에서 자유로워짐에 따라 한 곳에 '정착'을 거부하고 여기저기 이동하는 '유목'으로 변화한다는 것이다.

과거의 고전적인 유목민이 단순히 먹고 살기 위해 떠돌아다닌 반면, 21세기 디지털 유목민은 치열한 경쟁사회에서 생존하기 위해 움직인다. 혼자 벽을 쌓고 살다가는 도태되어 버린다. 기업도 마찬가지다. 개혁하지 않는 기업, 변화하지 않는 기업, 소통하지 않는 기업은 살아남을 수 없다.

정부청사의 세종시 이전에 이어 공기업의 지방이전도 가시화되고 있다. 공기업 지방이전은 지역간 불균형을 해소하기 위해서이며 지역 균형발전은 국정의 방향이기도 하다. 경제적인 요인뿐 아니라 민원인들의 불편을 걱정하는 이들도 있다. "지방으로 이전하면 유관 단체간 회의 참석이나 민원인들과의 소통이 어려워지는 것 아니냐"는 우려다. 아직까지 민원인들을 위한 소통과 채널 다양화 등 종합적 대응책이 미비한 실정이다. 그러나 만에 하나라도 공공기관을 찾는 민원인들이 혼란을 겪거나 불편한 점이 있어서는 안된다. 지방과 수도권 간에, 정부 및 공공기관과 국민들 간에 원활한 소통이 이뤄질 수 있도록 미리 대비해야 한다. 디지털 시대에 맞는 원스톱 소통창구가 필요하다.

최근 본사 사옥 내에 '창조마당'이라는 공간을 열었다. 방문하는 고객들이 공사 사업이나 지원내용, 발간자료 등을 살펴보고, 업무개선에 도움이 되는 창조적인 아이디어를 그 자리에서 바로 제안할 수 있는 공간이다. 정보공유나 소통확대, 신속한 민원처리를 위해서다. 특히 정부나 공공기관이 내년이면 거의 대부분 지방으로 이전한다. 지방이전에 따른 불편 해소를 위해 원스톱 민원처리와 소통공간의 마련이 필요하다. 원스톱으로 이의를 제기하거나 농업·식품 관련 서비스를 지원하는 것은 과거 신문고를 현대식으로 개편한 '현대판 신문고'이다.

최근 공기업의 방만경영이나 부채증가 등으로 개혁 요구가 다시 높아지고 있다. 공기업들이 조직을 개편하고 업무효율성을 높이기 위해 노력을 기울여왔으나, 아직 국민의 기대에는 미치지 못하고 있다. 지속적인 자기혁신과 반성, 그리고 실질적인 혁신이 필요하다. 공기업이 국민의 신뢰를 바탕으로 문제를 해결하기 위해서는 소통을 최우선 전략으로 삼고, 낮은 자세로 가까운 데부터 국민들의 다양한 소리에 귀를 기울여야 한다. 지방이전을 추진하는 공기업들의 소통 노력이 필요하다.

바야흐로 소통의 시대다. 소통이 원활하지 못하면 불만과 불신이 쌓이고 발전 없이 정체된다. 구성원 상호 간에 의견개진이 자유롭게 이루어지고 다양한 아이디어가 논의될 수 있어야 한다. 공기업들은 지방이전으로 새로운 도전을 맞이하고 있다. 국민들과 양방향 소통을 강화하기 위한 공기업들의 창의적인 아이디어가 필요하다.

2014년 60세가 된 1955년생에게

베이비부머 첫 세대의 도약을 기대하며

2014년을 맞아 1955년생은 우리 나이로 60세가 되었다. 전쟁이나 불경기 등 대혼란 이후 사회·경제적 안정 속에서 태어난 세대를 베이비붐 세대라고 한다. 미국은 제2차 세계대전 이후인 1946년부터 1965년 사이, 일본은 1947년부터 1949년까지이다. 우리나라는 1955년부터 1963년 사이에 태어난 세대이다. 규모로는 712만 명, 전체 인구의 약 15%다. 대부분이 퇴직하였거나 황혼을 바라보면서 퇴장을 준비하는 사람들이다. 이들의 희망 평균수명은 86세다. 직장인들의 평균 은퇴연령이 55세인 점을 감안하면 은퇴 후 30여 년을 보내야 한다.

우리나라 베이비부머들은 유난히 많은 변화를 겪었다. 1955년생은 초등학교부터 다양한 교육제도의 시험대에 올랐고, 급변하는 정치, 경제, 사회 변화에 적응하느라 어려움도 많았다. 그러나 좌절하지 않고 국가와 사회발전에 대해 많은 경험과 노하우를 축적했다. 보람과 후회를 동시에 짊어지고 역사의 뒷골목으로 퇴장하는 베이비부머 첫 세대 모습은 왠지 쓸쓸하게 보인다.

2011년 6월의 일이다. 당시 파리에서 개최된 G20 농업장관회의에서 사르코지 대통령은 "농업문제는 시장에 전적으로 맡겨서는 안 된다. 자본주의 체제의 지나친 일탈은 적절한 조정이 가해져야 한다. 규제 없는 시장은 시장이 아니다"라고 강조하였다. 당시 농림부 차관으로 참석한 나는 1955년생 동갑내기인 사르코지 대통령 연설에 많은 감명을 받았다. 구조적 수급불균형에 처한 세계 농업과 심화되는 경제양극화 이슈에 대한 선진국 대통령의 고민을 읽을 수 있었다.

애플사의 스티브 잡스도 1955년생이다. 지난 2011년 사망했지만, 투병 중에도 왕성한 아이디어를 선보이고 의욕적인 활동을 하여 디지털 업계를 넘어 경영, 문화, 사회 전반에 많은 변화를 가져온 인물이다. 빌 게이츠도 1955년생이다. 개인용 컴퓨터, 모바일기기 등 세계를 놀라게 한 제품들을 잇달아 내놓았다. 스티브 잡스와 세계 IT업계의 양대 산맥을 이끈 빌 게이츠는 부인과 함께 자선재단을 설립하고 에이즈 퇴치, 식량난 해결 등에 적극 나서고 있다. "앞으로의 혁명은 농업에서 나올 것"이라면서 아프리카의 기근과 가난을 해결하기 위해 '유전체 기반 고구마의 육종 프로젝트'도 추진 중이다.

이승만 박사가 프란체스카 여사와 결혼할 1934년 당시 나이가 60세였다. 혼탁한 국제정치에 적극 뛰어들어 독립운동을 하고 백척간두에 선 대한민국을 지켜낸 지도자인 이승만 대통령의 열정도 매우 놀랍다. "인생은 60세부터"라는 말이 있다. 인생에 경륜이 쌓이고 사려와 판단이 성숙한 60세를 논어에도 이순(耳順)이라고 했다. 과거 60세라고 하면 은퇴를 당연시했지만 지금은 다르다. 신체적으로 건강하고 의욕도 왕성하다. 새로운 분야에서 해야 할 일이 분명히 있다. 그간 익힌 전문성을 발휘하고 다양한 경험을 활용하여 지역사회와 국가에 봉사해야 한다. 실버 일자리 창출도 늘고 있다. 정부도 연륜과 경험을 활용하는 시니어 재능활용 일자리를 대폭 확대할 계획이다. '말의 해'를 맞아 제2의 인생을 앞둔 베이비부머 첫 세대의 도약을 기대한다. 일어서라 1955년생이여.